Debashis Roy

Manejo de pragas do quiabeiro baseado em módulos através do posicionamento do feijão de cacho

Debashis Roy

Manejo de pragas do quiabeiro baseado em módulos através do posicionamento do feijão de cacho

Manejo Bio-racional de Insetos Pragas do Quiabo

ScienciaScripts

Imprint

Cover image: www.ingimage.com

This book is a translation from the original published under ISBN 978-620-2-06662-4.

Publisher:
Sciencia Scripts
is a trademark of
Dodo Books Indian Ocean Ltd. and OmniScriptum S.R.L publishing group

120 High Road, East Finchley, London, N2 9ED, United Kingdom
Str. Armeneasca 28/1, office 1, Chisinau MD-2012, Republic of Moldova, Europe
Printed at: see last page
ISBN: 978-620-7-91364-0

ÍNDICE

Dedicado aos meus respeitados avós

O falecido Dwarikanath Roy

Narayan Chandra Biswas

&

O falecido Kalipada Roy

RECONHECIMENTO

A fase consanguínea, mas edulcorativa, já passou e nesta fase de metamorfose, em respeito, sinto-me em dívida para com todos aqueles que me ajudaram a criar um ambiente reconfortante para viver este momento.

É com imenso prazer que exprimo o meu mais profundo sentimento de gratidão, com uma alegria e uma glória esmagadoras, ao presidente do meu comité consultivo e autor sénior, ***Dr. P. K. Sarkar****, Professor, Departamento de Entomologia Agrícola, Bidhan Chandra Krishi Viswavidyalaya, Mohanpur, Nadia, Bengala Ocidental, pela sua nobre supervisão, orientação sagaz, sugestões valiosas, inspirações sempre encorajadoras, comportamento humilde e esforço incansável durante todo o período da minha investigação.*

Com um profundo e inabalável sentido de obrigação, exprimo os meus sinceros agradecimentos ao membro do meu comité consultivo, ***Dr. Arunava Samanta****, Professor Associado, Departamento de Entomologia Agrícola, Faculdade de Agricultura, Bidhan Chandra Krishi Viswavidyalaya, pela sua ajuda ao longo dos trabalhos de investigação.*

Sinto uma euforia insondável ao declarar a minha sincera gratidão ao ***Dr. Gautam Chakraborty****, Professor Associado, Departamento de Entomologia Agrícola, Faculdade de Agricultura, e Bidhan Chandra Krishi Viswavidyalaya pela sua cooperação íntima, interesse vivo, críticas construtivas, conselhos valiosos e um forte estímulo durante todo o período da minha investigação, a fim de tornar o meu trabalho de tese mais perfeito e compacto.*

Agradeço sinceramente ao ***Dr. S. B. Chattopadhyay****, Professor, Departamento de Culturas Hortícolas, Faculdade de Horticultura, B.C.K.V., como membro do meu comité consultivo, pela sua sugestão e ajuda desde o início do meu trabalho de tese.*

Estarei a faltar ao meu dever se não expressar a minha obrigação para com o meu senhor Dr. Pranab Debnath, Professor Assistente e colegas de turma, Sriparna Ganguly e Priti Ghosh, da Entomologia Agrícola, pela sua ajuda constante desde o início do trabalho de tese. Seria exagerado se eu mencionasse os meus agradecimentos a todos os professores e pessoal não docente do Dept. Entomology, Faculty of Agriculture, B.C.K.V, que me ajudaram muito durante o meu curso de estudo.

Estou igualmente grato a todos os assistentes de campo e assistentes técnicos da Jaguli Instructional Farm e da Horticultural Research Station, Mondouri, B.C.K.V., que me ajudaram intimamente no campo experimental. Gostaria de mencionar a ajuda e a cooperação recebidas de todos os meus queridos amigos Sukamal Sarkar, Sayan Sau e Dibyendu Mondal durante o trabalho de tese.

Gostaria de expressar os meus sinceros sentimentos a todas as minhas irmãs e irmãos Meghna,

Arpita, Mahuya, Suparna, Purbasha, Abhishek, Mainak e Anurag. Com sincera veneração, estou muito grato à "M/S. Bishnupriya" pela impressão da minha tese com o devido cuidado e pontualidade.

Estou em dívida para com tantas pessoas que um reconhecimento completo seria uma enciclopédia e, por conseguinte, não é possível nestas breves circunstâncias, mas nenhuma foi esquecida.

Por último, tenho o prazer de exprimir o meu mais profundo respeito e gratidão aos meus pais, os meus queridos dida, kaka, kakima, mama, mami, didi e dada, pelo seu sacrifício contínuo, inspirações prodigiosas, apoio moral, amor e afeto espontâneos e bênção silenciosa em todas as etapas da minha vida.

Debashis Roy

LISTA DE SÍMBOLOS E ABREVIATURAS UTILIZADOS

Adv.	Advance
a.i.	Active ingredient
Agric.	Agriculture
Agril.	Agricultural
Agrometeorol.	Agro-meteorology
Anim.	Animal
Ann.	Annals
Appl.	Applied
B.C.K.V	Bidhan Chandra Krishi Viswavidyalaya
Biochem.	Biochemistry
Biol.	Biology
Bt.	*Bacillus thuringiensis*
Bull.	Bulletin
^{0}C	Degree Celsius
Conc.	Concentration
cm.	Centimeter
C.D.	Critical difference
DBA	Day before application
DAA	Days after application
DAS	Days after sowing
E.C	Emulsifiable concentrate
Ecobiol.	Ecobiology
Econ.	Economic
Edn.	Edition
e.g.	Exampli gratia (for example)
Ent.	Entomology
ent.	Entomological
Environ.	Environment
et al.	et alia (= and others)
etc.	et cetera (= and the rest)
ETL	Economic Threshold Level
Fab.	Fabricius
Fig.	Figure
g	Gram
Govt.	Government
ha	Hectare
Hort.	Horticulture
hr.	Hour
I.C.A.R	Indian Council of Agricultural Research
i.e.	id est (=that is)
Int.	International
J.	Journal
kg	Kilogram
l.	Litre
Ltd.	Limited
m.	Metre
m^2	Metre square
Man.	Management
Max.	Maximum
Min.	Minimum
ml.	Mili litre
Newsl.	Newsletter

No.	………………………………….	Number
/	………………………………….	Per
%	………………………………….	Per cent
Pestic.	………………………………….	Pesticide
pH	………………………………….	Concentration of active hydrogen ion
Physiol.	………………………………….	Physiology
Pl.	………………………………….	Plant
ppm	………………………………….	Parts per million
Prod.	………………………………….	Production
Prot.	………………………………….	Protection
Pvt.	………………………………….	Private
q	………………………………….	Quintal
Res.	………………………………….	Research
R.H.	………………………………….	Relative humidity
S.C	………………………………….	Suspension concentrate
Sci.	………………………………….	Science
S.L	………………………………….	Soluble liquid
S.P	………………………………….	Soluble powder
Sp.	………………………………….	Species
Univ.	………………………………….	University
S.E.m	………………………………….	Standard error of mean
Tech.	………………………………….	Technology
Temp.	………………………………….	Temperature
t	………………………………….	Tonnes
Univ.	………………………………….	University
viz.	………………………………….	videlicet (= namely)
W.B.	………………………………….	West Bengal
WAS	………………………………….	Weeks after sowing
WDG	………………………………….	Water dispersible granule
WG	………………………………….	Wettable granule
Wt.	………………………………….	Weight
Zool.	………………………………….	Zoological

RESUMO

Os jassídeos apareceram pela primeira vez em 4th WAS (9,11 ± 6,68) e o seu pico de população apareceu quando a cultura estava na fase vegetativa ativa. A temperatura (máx.) tem uma influência profunda na formação da população de mosca branca como cigarrinha. A população mínima da broca do rebento e do fruto foi encontrada em 4th WAS, atingiu o pico durante 7th WAS; depois um declínio até 12th WAS. Da mesma forma, a população mais elevada de *Helicoverpa armigera* foi registada em 9th WAS, enquanto a população de rolos de folhas começou a aparecer desde o início da observação. A percentagem média de redução da população de cigarrinhas em relação à testemunha não tratada foi mais elevada no Módulo-3 (59,97%), seguida do Módulo-4 (45,81%), estatisticamente ao mesmo nível do Módulo-2 (41,40%). No caso da mosca branca, o Módulo-3 registou o menor número de moscas brancas (1,92/folha) seguido do Módulo-2; enquanto o Módulo-1 registou uma população mais elevada em todas as observações, indicando o módulo menos eficaz. Os dados médios sobre a densidade larvar do rolo de folhas por ordem decrescente foram Módulo-3 = Módulo-2 > Módulo-1 > Módulo-4. Curiosamente, a densidade da população de larvas foi baixa no primeiro local (na presença de feijão de cacho), uma vez que a maior parte da população de rolos de folhas foi atraída e apanhada pelo feijão de cacho. O módulo-3 apresentou a menor percentagem média de infestação de rebentos por *Earias vitella* (1,51%). No módulo 4, registou-se a menor média de população de *Helicoverpa armigera* (0,16 larvas/planta), estatisticamente ao mesmo nível que no módulo 3 (0,17 larvas/planta). A percentagem de danos nos frutos variou entre 1,37-7,25%, com o valor médio de 2,94% no Módulo-3, enquanto o Módulo-1 registou a percentagem mais elevada de danos médios nos frutos (8,08%), variando entre 2,50% e 25,17%. O número médio mais elevado de coccinelídeos e aranhas foi encontrado no Módulo-3 (0,40 e 0,43 por planta, respetivamente), seguido do Módulo-1 (0,27 e 0,31 por planta, respetivamente). A população de inimigos naturais (tanto os coccinelídeos como as aranhas) foi encontrada em maior número nos diferentes módulos, incluindo o controlo sem tratamento, onde a cultura do quiabo foi cultivada juntamente com o feijão de cacho. O maior rendimento de frutos tenros comercializáveis foi encontrado no Módulo-3 (15,83 t/ha), seguido pelo Módulo-4 (12,62 t/ha), enquanto o menor rendimento (9,64 t/ha) foi registado no Módulo-2. O rácio custo-benefício incremental foi mais elevado no caso do Módulo-3 (1: 5,23) seguido do Módulo-4 (1: 3,83) na presença de feijão de cacho, enquanto que, na sua ausência, o Módulo-3 e o Módulo-4 registaram 1: 4,77 e 1: 3,06 rácio custo: benefício, respetivamente.

INTRODUÇÃO

O quiabo (*Abelmoschus esculentus* (L.) Moench), frequentemente conhecido como dedo de moça ou *bhendi,* pertencente à família Malvaceae, é uma importante cultura hortícola de verão. O quiabo é originário da Etiópia (África) (Vavilov, 1951) e é atualmente cultivado de forma abrangente nas regiões tropicais e subtropicais do mundo. A Índia é considerada como o centro secundário de origem devido à existência de um grande número de espécies relacionadas com grande variabilidade e caracteres dominantes. A cultura desenvolve-se bem em condições climáticas longas e quentes e húmidas, com uma temperatura óptima de 20-30^0 C para o crescimento, enquanto as sementes não germinam acima de 20^0 C. É suscetível à geada e ao frio contínuo. Tolera uma temperatura mínima e máxima de cerca de 18^0 C e 34,5^0 C, respetivamente, sem quaisquer efeitos prejudiciais no crescimento e na frutificação. A floração cai quando a temperatura diurna excede os 42^0 C, enquanto as chuvas contínuas, a seca, a baixa temperatura nocturna e a sombra são prejudiciais para a cultura. Sob altas temperaturas e baixa humidade, o crescimento da planta é atrofiado, levando a uma menor estatura da planta. Condições climáticas como as prevalecentes no Sul da Índia, onde o inverno é ameno, permitem o cultivo do quiabo durante todo o ano (Singh e Bhagchandani, 1967). Por vezes, as sementes são semeadas em meados de agosto para a cultura de outono chuvoso e em novembro para a cultura de inverno nos Estados do Sul. Nas planícies do norte, há geralmente duas colheitas, isto é, a primavera-verão e a estação das chuvas. A cultura primavera-verão é semeada entre meados de fevereiro e princípios de março, onde há perigo de geada, como na região ocidental de U.P., Deli, Punjab e Rajasthan, enquanto em Assam, Bengala Ocidental, Orissa e Bihar, é semeada no final de janeiro ou princípios de fevereiro. A sementeira da estação das chuvas é efectuada entre maio e julho na maioria das regiões. Nas colinas, a sementeira é feita em maio-junho (Anon., 1978, 1983). O quiabo pode ser cultivado numa grande variedade de solos, isto é, solos arenosos a argilosos, bem adubados e suplementados com matéria orgânica e boa drenagem. No entanto, os solos soltos, friáveis e bem adubados são os melhores. É ligeiramente tolerante à acidez e o pH ótimo do solo varia entre 6-6,8.

O quiabo é uma boa fonte de minerais, nomeadamente cálcio (66 mg/100 g de frutos frescos) e fósforo (56 mg/100 g de frutos frescos), o que torna esta cultura particularmente valiosa. Contém também uma boa quantidade de enxofre e de sódio. O teor extremamente elevado de cálcio é particularmente valioso. As vagens são ricas em pectina e mucilagem. As vagens tenras são mais ricas em ácido ascórbico do que as vagens maduras. Contém uma quantidade elevada de fibras alimentares (1,2%), incluindo uma vasta gama de moléculas como a celulose, os polissacáridos não amiláceos e a lenhina, que protegem contra certos tipos de cancro, nomeadamente o cancro do cólon. Regulam o trânsito e reduzem o colesterol no sangue. O quiabo tem um valor medicinal importante, uma vez que a sua utilização regular na dieta aumenta a contagem de espermatozóides nos homens (Hazra *et al.*, 2011). A mucilagem do fruto e das sementes ou as cápsulas frescas de malha actuam como um cataplasma emoliente eficaz. Esta mucilagem tem um efeito afrodisíaco e, quando preparada sob a forma de sopa, é benéfica para doentes com disenteria crónica. As vagens são muito úteis na febre e nos problemas dos órgãos genitor-urinários, como a gonorreia, a leucorreia e as dores ao urinar, enquanto as vagens tenras são utilizadas em casos de espermatorreia.

A facilidade de cultivo e a vasta gama de adaptabilidade tornaram o quiabo uma cultura muito popular entre os agricultores. É uma cultura de curta duração propagada através de sementes, apreciada pelos seus frutos verdes tenros e deliciosos utilizados em caris, sopas ou em formas enlatadas, desidratadas ou congeladas para consumo fora de época (Neeraja *et al.*, 2004). Os seus frutos imaturos não maduros são populares, saborosos e gelatinosos e têm múltiplas utilizações. É preparado como vegetal cozido ou frito, sopa, sambhar, molhos e como guisado de carne. Por vezes, as folhas, os botões e as flores são conservados em salmoura para utilização e consumo futuros. Os frutos secos contêm 13-22% de óleo comestível e 20-24% de proteínas e são utilizados para obter óleo comestível refinado. O óleo das sementes também é utilizado na indústria de perfumes. A pele e as fibras dos frutos secos são utilizadas no fabrico de papel, cartão e fibras. O quiabo é mais rentável do que os legumes de folha. As raízes e os caules são úteis para limpar o sumo de cana a partir do qual se prepara *gur* ou *jaggery* (Chauhan, 1972). As suas sementes maduras são torradas, moídas e utilizadas como substituto do café na Turquia (Mehta, 1959).

O quiabo é cultivado em diferentes partes do mundo. É cultivado no Sul da Europa, Turquia, Irão, Jugoslávia, Chipre, África Ocidental, Etiópia, Gana, Afeganistão, Paquistão, Índia, Bangladesh, Myanmar, Malásia, Tailândia, Japão, Brasil e Sul dos EUA. A Índia ocupa o primeiro lugar em área e produção de quiabo no mundo, ocupando uma área de 438 mil hectares com 4936 mil MT e produtividade de 11,5 MT/ha; ocupando 71,6% da produção mundial de quiabo durante 2012-13 (Anon., 2013). Na Índia, é comummente cultivado em Maharashtra, Gujarat, Karnataka, Tamil Nadu, Haryana, Punjab, Uttar Pradesh, Bihar, Bengala Ocidental e Orissa. Bengala Ocidental é o Estado líder na produção de quiabo, partilhando 18,4% da produção nacional total.

Em Bengala Ocidental, o quiabo ocupa uma área de 72,6 mil hectares, produzindo 830,9 mil TM com uma produtividade de 11,4 TM/ha durante 2012-13 (Anon., 2013). Hoogly e Burdwan são os principais cinturões de cultivo. O quiabo ocupou uma posição de destaque entre os legumes orientados para a exportação na Índia devido ao seu elevado valor nutritivo, palatabilidade e boa vida pós-colheita. Tem um enorme potencial como uma das culturas geradoras de divisas e representa 70% das exportações de produtos hortícolas frescos (Dhankhar e Mishra, 2001). É exportada para países do Médio Oriente, como o Barém, o Qatar, o Kuwait, a Arábia Saudita, Mascate, Teerão e Abu Dhabi, e do Sudeste Asiático, nomeadamente Singapura, Maurícia, Malásia, Sri Lanka, Bangladesh, Europa Ocidental e EUA.

Apesar da existência de um certo número de boas variedades que cobrem uma vasta área, a produção de quiabo é ainda bastante reduzida. Esta situação deve-se principalmente a várias pressões abióticas e bióticas, entre as quais os danos causados por insectos nocivos, que infestam a cultura desde a sementeira até à colheita, são considerados como uma das principais limitações. A incidência de pragas no quiabeiro é muito elevada, uma vez que muitas das pragas do algodão também assolam esta cultura, dado que ambas pertencem à mesma família Malvaceae. Foram registadas 72 espécies de insectos que atacam o quiabeiro (Rao e Rajendran, 2002), das quais as pragas sugadoras, como a cigarrinha (*Amrasca biguttula biguttula* Ishida), a mosca branca (*Bemisia tabaci* Gennadius), as brocas de frutos *viz, Earias vitella* (Fabricius), *Earias insulana* (Boisd) e *Helicoverpa armigera* (Hubner) são conhecidas por causar danos severos à cultura (Prasad *et al.*, 1993; Mandal *et al.*, 2006a). Estas infestam a cultura durante as fases vegetativa e reprodutiva, causando uma grande redução do rendimento (Satpathy e Rai, 1999).

Entre os sugadores de seiva, a cigarrinha-do-algodoeiro é um inseto sugador grave (Dhandapani *et al.*, 2003) que, sob ataque severo, provoca o amarelecimento e o bronzeamento das folhas do quiabeiro, que se desprendem prematuramente, afectando negativamente o crescimento da cultura, e a perda de rendimento varia entre 32,05 e 40,84% (Singh e Brar, 1994). Causa danos desde a fase inicial de plântula até à fase de frutificação, resultando numa perda de 50% do rendimento (Bindra e Mahal, 1981). Os jassídeos permanecem activos durante todo o ano, com exceção de dois meses de inverno. A humidade elevada favorece o crescimento da população de jassídeos e a população máxima é observada durante os meses de julho e agosto (Lohar, 2001). Krishnaiah (1980) relatou que as perdas no quiabeiro devido à cigarrinha (*Amrasca biguttula biguttula*) e à broca do fruto (*Earias Vitella*) foram de 50-52 e 49-74 por cento, respetivamente. Tanto os adultos como as ninfas do jassídeo sugam a seiva das folhas e injectam saliva tóxica nos tecidos da planta, causando toxemia. A mosca branca tem sido a principal ameaça para várias culturas; não só suga a seiva das folhas, como também é considerada um vetor de diferentes doenças virais. Para além das perdas causadas pela alimentação direta, transmite o vírus do mosaico das veias amarelas no quiabeiro (Borad, 1993). Só as brocas dos frutos causam danos de 52,33 a 70,75 por cento (Pareek e Bhargava, 2003). Outros investigadores também relataram que, entre os diferentes insectos-praga que atacam esta cultura, os danos causados por *Earias vitella* (Fab.) representam quase 45% em Karnataka (Srinivasan e Kumar, 1983), 25,93-40,91% em Madhya Pradesh (Dhamdhere *et al.*, 1985) e 54,04% em Rajasthan (Chaudhary e Dadheech, 1989). Na parte norte de Bengala Ocidental, os danos nos frutos causaram até 32,22%, resultando numa perda de rendimento de 41,10% (Ghosh *et al.*, 1999). As larvas da praga perfuram os rebentos superiores nas fases iniciais da infestação, que subsequentemente murcham e caem. Com o aparecimento de rebentos, flores e frutos, estes também são perfurados; os rebentos e as flores caem, enquanto os frutos ficam com um crescimento atrofiado e, por vezes, com uma forma deformada (Butani e Verma, 1976). Outro lepidóptero que se alimenta de folhagem, o rolo de folhas de algodão *Sylepta derogata* (Fabricius), alimenta-se das folhas de quiabeiro. Em caso de infestação grave, as plantas podem ficar completamente desfolhadas. As larvas jovens alimentam-se da epiderme inferior das folhas, enquanto as larvas mais velhas enrolam as folhas dos bordos em direção à nervura central. No entanto, a sua alimentação afecta a germinação das sementes, provocando a desfoliação e a abscisão das folhas e das vagens. Ogbalu *et al.* (2015) referiram que a sua presença nas folhas do quiabeiro, mesmo após a germinação, afecta as actividades fotossintéticas da planta. As actividades de alimentação afectam o potencial reprodutivo das sementes, uma vez que a maioria das sementes de que se alimentaram perdeu a sua viabilidade. Além destas, outras pragas importantes registadas no quiabeiro em várias fases de crescimento incluem o pulgão do algodão, *Aphis gossypii* Glover (Gopalan *et al.*, 1974; Mohan *et al*, 1983), o ácaro *Tetranychus* sp. (Rai, 1985; Khaire e Naik, 1986; Chinniah e Ali, 2000), o escaravelho da bolha *Mylabris* sp. (Barwal e Rao, 1988) e o inseto vermelho do algodão *Dysdercus koenigii* (Fabricius) (Butani e Verma, 1976). Em geral, os danos globais do quiabeiro devido a pragas de insectos registaram 48,97% na produção de vagens (Kanwar e Ameta, 2007) na Índia.

A suscetibilidade de uma cultura às pragas de insectos é grandemente influenciada pelas condições climáticas prevalecentes, pela variedade e pela estação de cultivo. Como o quiabo é uma cultura quente e húmida, não pode tolerar temperaturas muito baixas e muito altas com pouca humidade. A data de plantação tem um efeito tremendo no crescimento, desenvolvimento e produtividade da cultura, bem como na incidência de pragas de insectos. Os estudos sobre a monitorização do aparecimento de pragas, a intensidade da ocorrência e a influência dos inimigos naturais na população de pragas podem ser utilizados para a tomada de decisões em matéria de gestão de pragas. O comportamento das pragas e a dinâmica da população em relação aos parâmetros meteorológicos constituem um pré-requisito essencial para a formulação de um programa eficaz de gestão das pragas (Yadav, *et al.*, 2007).

O quiabo é o vegetal de verão mais pulverizado (cerca de 10-12 vezes) e, devido à falta de um sistema de controlo residual, os agricultores não hesitam em enviar os seus produtos para o mercado em dias alternados (Ahmad *et al.*, 1997). No entanto, a utilização imprudente de produtos químicos sintéticos para gerir estas pragas está repleta de problemas de resistência, ressurgimento, infestação secundária, fitotoxicidade, toxicidade para os organismos benéficos, resíduos nos alimentos para além dos limites de tolerância que representam riscos injustificados para a saúde dos consumidores (Mandal *et al.*, 2006b). A utilização indiscriminada de pesticidas conduz a uma carga indesejável de resíduos de pesticidas nos produtos hortícolas comercializáveis (Kumar *et al.*, 2002). Uma vez que o controlo natural ou as práticas culturais não conseguiram, por si só, obter um controlo aceitável da população de insectos pragas, é necessário integrar os insecticidas químicos para manter a população de pragas a um nível baixo satisfatório. Sendo o quiabo colhido em dias alternados, é obrigatório ter em mente que deve ser cultivado de forma a que todas as práticas e medidas de proteção sejam compatíveis com a estratégia natural e ecológica. O controlo cultural com a introdução de culturas armadilha também pode ser útil para manter a população da praga abaixo do nível do limiar económico. Se a utilização de pesticidas não puder ser evitada, o pesticida selecionado para utilização deve ser seguro e ter um efeito residual mínimo, uma vez que a cultura necessita de colheitas frequentes. Durante a exportação, existe também o risco de rejeição de toda a remessa devido à presença de resíduos de pesticidas. Para ultrapassar estes problemas, é essencial a aplicação de produtos botânicos, juntamente com a identificação de moléculas seguras com melhores propriedades insecticidas, baixa toxicidade para os mamíferos e seguras para os inimigos naturais. Tendo em conta a mudança de cenário no que respeita ao aparecimento de pragas e ao padrão de cultivo, os novos insecticidas com novos modos de ação podem ser muito úteis para desenvolver uma estratégia de gestão das pragas do quiabeiro. Uma tal abordagem aumentaria a eficácia da produção, para além de ser segura para o ambiente.

Tendo isto em conta, as presentes investigações foram realizadas na planície aluvial de Gangetic, em Bengala Ocidental, com os seguintes objectivos

1. Para excluir a influência dos parâmetros abióticos e o seu papel na oscilação do complexo de pragas no quiabeiro.

2. Avaliar diferentes pacotes de práticas com especial referência a módulos de gestão de pragas contra diferentes insectos pragas do quiabeiro e os seus inimigos naturais.

3. Estudar o efeito do feijão de cacho com quiabo como inimigo natural em relação a uma cultura armadilha do rolo de folhas de algodão *Sylepta derogata*.

REVISÃO DA LITERATURA

Até à data, a utilização de pesticidas sintéticos continua a ser uma das medidas de gestão de pragas mais conhecidas e mais amplamente utilizadas. No entanto, parece que as tribulações relacionadas com os pesticidas vão ultrapassar em número os problemas das pragas. Desde a escrita do marco histórico de Rachel Carson, Silent Spring (primavera Silenciosa), em 1962, tem havido muita controvérsia sobre a utilização de insecticidas. A dependência excessiva e a utilização não criteriosa de pesticidas sintéticos, principalmente de insecticidas, nas últimas quatro a cinco décadas, provocou o aparecimento de muitas consequências negativas, sobretudo os infames 3 R's: ressurgência, resistência e resíduos (Mehrotra, 1990; Kabir *et al.*, 1994; Mahapatro e Gupta, 1998), para além dos riscos para a saúde. Para além disso, a sua utilização caótica resultou na diminuição da biodiversidade de inimigos naturais (Sekhon e Verma, 1985), no aparecimento de pragas secundárias (Praveen *et al.*, 2001), na contaminação dos alimentos (Mitra *et al.*, 1999) e na rutura das redes alimentares no ecossistema (Krishnamurthy, 1999).

Entre os vários substitutos possíveis para combater estes problemas, os biopesticidas (derivados de plantas e insecticidas microbianos) estão agora a emergir como componentes viáveis das estratégias IPM em todas as culturas, tendo em conta a sua potência pesticida, bem como a segurança para parasitóides e predadores (Rao *et al.*, 1999; Salunke *et al.*, 2000). Para além disso, a utilização de germoplasma de culturas resistentes/tolerantes (Dhankhar, 1997) e de agentes de biocontrolo (Singh, 1993; Singh, 1997; Singh, 2001) estão a atrair a atenção nos dias de hoje como ferramentas imperativas na GIP. A cultura do quiabo é devastada quase pelas mesmas pragas de insectos que atacam a cultura do algodão, uma vez que as duas pertencem à mesma família, isto é, Malvaceae. É dada muita atenção à cultura do algodão, enquanto o quiabo tem sido largamente ignorado. A literatura pertinente disponível sobre as pragas de insectos do quiabeiro foi avaliada neste capítulo sob os seguintes títulos e subtítulos.

2.1 Pragas de insectos associadas à cultura do quiabo:

A planta do quiabo está intimamente relacionada com o algodão e com as plantas ornamentais. Tem muitas pragas, quase tantas como o algodão, sendo um hospedeiro colateral. É também uma planta hospedeira preferida para as pragas de plantas malváceas selvagens (Pruthi, 1969; Maxwell-Lefroy, 1990).

Sharma *et al.* (1964) relataram que o besouro da bolha, *M. pustulata,* se alimenta de flores de quiabo.

Ananthakrishnan (1971) registou tripes, *Frankliniella dampfi* Priesner e *Haplothrips gowdeyi* (Franklin) a infestar as flores da figueira-da-índia. Vários trabalhadores registaram *A. gossypii*, *A.*

biguttula biguttula, *Earias* spp., *Dysdercus koenigii* Fab, *Helicoverpa armigera* Hubner, *B. tabaci* e *Spodoptera littoralis* L. como pragas do quiabeiro (Mote e Pokharkar, 1974; Gayen, 1975; Gupta e Dhari, 1978; Babu e Azam, 1982; Krishnakumar e Srinivasan, 1984a; Singh *et al.*, 1986; Narke e Suryawanshi, 1987; Chaudhary e Dadheech, 1989). Butani e Verma (1976) mencionaram cerca de 30 pragas associadas à cultura do quiabo, das quais a cigarrinha do algodão (jassid), a broca do rebento e do fruto (bollworms manchados), o percevejo vermelho do algodão, o rolo da folha do algodão e os ácaros vermelhos foram listados como as principais pragas.

Thippeswami *et al.* (1980), Nayar *et al.* (1981), Sharma e Singh, (1984) e Rajmohana (1999) observaram *Melanagromyza obtusa* (Mall.) infestando caules de quiabeiro. Dhamdhere *et al.* (1984) registaram 13 espécies de insectos e não insectos que atacam o quiabeiro em várias fases de crescimento da cultura, sendo as principais *A. biguttula biguttula*, *B. tabaci*, *S. derogata*, *Mylabris* spp. Maxwell-Lefroy (1990) referiu que as pragas do algodão atacam a cultura do quiabo como hospedeiro colateral e enumerou *S. derogata*, *Myllocerus maculosus* B., *Earias* spp., *D. koenigii*, *Oxycaraenus laetus* Kirkby e *A. gossypii* como as principais pragas que atacam esta cultura.

Dubey *et al.* (1999) relataram que a cultura de verão do quiabo (cv. Parbhani Kranti) foi infestada por diferentes insectos-praga, nomeadamente *A. biguttula biguttula*, *E. vittella*, *B. tabaci*, *H. armigera*, *A. gossypii*, *Anomis flava* Fab, *D. koenigii* e *Nezara viridula* Linn. e com base na sua ocorrência e infestação; *A. biguttula biguttula*, *E. vittella*, *B. tabaci* e *H. armigera* foram classificadas como as principais pragas. O escaravelho das pulgas, *Podogrica bowringi* Baly, foi relatado como a principal praga do quiabo no distrito de Uttarkashi de Uttaranchal por Lal (1999). Das 15 pragas registadas na cultura estival do quiabeiro em Dhaulakuan (Himachal Pradesh) por Singh e Joshi (2004), 4, nomeadamente *A. biguttula biguttula*, *S. derogata*, *E. vittella* e *Pectinophora gossypiella* (Saunders), foram mencionadas como pragas principais.

2.2 Incidência sazonal de insectos pragas do quiabeiro:

Cigarrinha (*Amrasca biguttula biguttula*):

Uthamasamy (1988) relatou que as maiores infestações de quiabeiro por *A. biguttula biguttula* foram observadas em culturas semeadas em julho e a perda de produção de frutos foi negativamente correlacionada com a infestação e com danos nas folhas.

No Paquistão, a fenologia da cigarrinha (*A. biguttula biguttula*) do quiabeiro foi estudada por Mahmood *et al.* (1988) e revelou que a população da praga permaneceu abaixo do limiar económico durante cerca de 5 semanas após a germinação da cultura do quiabeiro. Depois disso, a população ultrapassou o nível do limiar no início de junho e permaneceu no mesmo nível até finais de agosto. A população da praga atingiu o seu pico no final de julho (27,8 indivíduos/folha).

Em Punjab, Lal *et al.* (1990) estudaram o efeito da precipitação sobre o número de *A. biguttula biguttula* infestando 13 variedades de quiabo semeadas em 21 de julho de 1986 e referiram que o cicadelídeo apareceu 2 semanas após a sementeira. A partir daí, a população aumentou com a idade da cultura, exceto durante a segunda metade da 4ª e 5ª semanas. Chuvas fortes e contínuas durante 4 dias (61,1 mm) durante a 2ª metade da 4ª semana, uma temperatura média baixa (<29 °C), uma UR elevada (>78%) e menos sol (6,4 h) reduziram drasticamente a população da praga nas diferentes variedades de quiabeiro, independentemente do seu nível de suscetibilidade ao ataque. Nestas condições climatéricas, a população da praga foi reduzida em 72,6%.

Mahmood *et al.* (1990) estudaram a abundância da cigarrinha (*A. biguttula biguttula)* no quiabeiro no Paquistão durante 1986-87 e revelaram que a praga apareceu em junho e permaneceu ativa até ao fim da época de cultivo. Entre os vários factores ambientais, o único fator significativo em ambos os anos do estudo foi a temperatura mínima. Foi encontrada uma correlação positiva entre a temperatura máxima e mínima no que respeita à densidade da praga. Nem a humidade relativa nem a precipitação aumentaram ou diminuíram significativamente a população da praga.

Estudos sobre o efeito das datas de sementeira na incidência da cigarrinha (*A. biguttula biguttula)* do quiabeiro foram efectuados por Pawar *et al.* (1996) durante 1990-94 em Maharashtra e indicaram que a cultura semeada a 15 de maio e 1 de junho tinha uma menor incidência de cigarrinha (13,3 e 13,7 LH/L) com um bom rendimento de frutos comercializáveis (22,9 e 19,1 q/ha).

Sharma e Sharma (1997) realizaram estudos de campo em Haryana e observaram que o número de ninfas de *A. biguttula biguttula* foi registado na superfície ventral de trinta folhas de dez plantas de algodão e quiabo, em intervalos semanais a partir da primeira semana de julho. A população mais elevada foi observada durante a primeira semana de agosto. Os números foram negativamente correlacionados com a temperatura máxima, e positivamente correlacionados com a temperatura mínima e a humidade relativa média.

Estudos de campo realizados por Patel *et al.* (1997) durante 1983-91 em Gujarat sobre o efeito de factores meteorológicos nas actividades de *A. biguttula biguttula* mostraram uma relação significativa entre o nível da população de cigarrinhas e a temperatura máxima ($r = 0{,}76$), bem como as horas de sol brilhante ($r = 0{,}82$). A população de cigarrinhas aumentou durante a estação das monções, quando a temperatura se manteve à volta dos 37 °C, juntamente com pelo menos 10 horas de sol brilhante.

Satpathy e Rai (1998) estudaram a influência da época de sementeira e da fase de crescimento da cultura na população de insectos na cultura do quiabeiro semeada de 15 de maio a 15 de julho durante a época de cultivo de 1996-97 em Uttar Pradesh e observaram que a cultura era mais suscetível à cigarrinha (*A. biguttula biguttula)* aos 50 DAS, tendo-se observado um pico de população de cigarrinhas na primeira cultura semeada. Com o avanço do tempo de semeadura, a infestação de cigarrinhas diminuiu e os danos da broca (*E. vittella*) aumentaram. No entanto, o rendimento máximo foi obtido com a cultura semeada na primeira semana de junho.

O efeito da data de sementeira no controlo das pragas de insectos do quiabeiro foi estudado em Uttar Pradesh por Rai e Satpathy (1999) e observou-se que há um aumento gradual da população de cigarrinhas com o avanço da data de sementeira até meados de junho. A partir daí, a população diminuiu substancialmente.

A abundância sazonal da cigarrinha (*A. biguttula biguttula*) no quiabeiro foi investigada em Jorhat, Assam, durante 1998-99 por Gogoi e Dutta (2000) e revelou que a população de cigarrinhas era máxima na última semana de maio (37,53 ninfas por folha) e em meados de abril (30,00 ninfas por folha). A temperatura elevada (30-36 °C), a humidade relativa nocturna (inferior a 80%) e o período de baixa precipitação, juntamente com horas de sol brilhante, favoreceram o desenvolvimento da população de cigarrinhas.

Investigações sobre a incidência sazonal de populações de cigarrinhas (*A. biguttula biguttula*) no quiabeiro e a sua correlação com factores abióticos foram realizadas por Kumawat *et al.* (2000) durante 1996 em Rajasthan e observaram que a infestação de cigarrinhas começou na quarta semana de julho e atingiu o seu pico na segunda semana de setembro.

Bairwa *et al.* (2005) efectuaram um ensaio em diferentes datas de sementeira (7, 14, 21 e 28 de julho) em quiabeiro cv. Pusa Sawami durante a kharif 2000, no Rajastão, para avaliar a incidência natural da cigarrinha e referiram que a infestação pela praga aumentava com o atraso da sementeira. A maior produção de frutos, 32,02 q/ha, foi obtida na primeira data de sementeira.

Mandal *et al.* (2006d) estudaram os efeitos dos parâmetros meteorológicos na incidência da cigarrinha (*A. biguttula biguttula*) em Pusa, Bihar. Foram registadas densidades populacionais de cigarrinhas de 34 e 27 por 30 folhas na semana meteorológica padrão (SMW) de 10th quando as temperaturas ambiente eram de 15,1-29,4 e 13,5-31,4 °C, respetivamente. Em seguida, a população aumentou progressivamente durante as semanas meteorológicas de 13th a 16th , atingindo o pico (229 e 216 fungos por 30 folhas) na semana meteorológica de 16th . Posteriormente, o declínio da população da praga continuou até ao 17°-25° SMW (85 e 80 fungos por 30 folhas). Os dados agrupados sugerem que a acumulação de pragas apresentou uma correlação positiva altamente significativa com a temperatura máxima e uma correlação positiva elevada com a temperatura mínima. A análise de regressão múltipla mostrou que um aumento unitário (1,0 °C) da temperatura aumentará o número de cigarrinhas por 30 folhas em 9 em 2000 e 4 em 2001. Os parâmetros climáticos foram responsáveis por 51,82% da variação total da população de cigarrinhas.

Estudos de campo conduzidos por Mandal *et al.* (2007a) durante o verão de 2000-01, em Samastipur,

Bihar, sobre a incidência da cigarrinha (*A. biguttula biguttula*) em relação a diferentes datas de sementeira (16 e 26 de fevereiro; 8, 18 e 28 de março e 7 de abril) com cultivares (Arka Abhay, Arka Anamika, D-1 87-5, KS-312 e Pusa Sawani) de quiabeiro revelaram que a data de sementeira influenciou significativamente a magnitude da incidência de pragas em cultivares de quiabeiro. A sementeira de culturas com cultivares resistentes em meados de fevereiro reduziu a incidência de ataques de pragas e aumentou ainda mais o rendimento.

Iqbal *et al.* (2010) estudaram a correlação entre a população de cigarrinhas e os factores abióticos e revelaram que a precipitação era o fator mais importante, contribuindo com um máximo de 13,4% para a flutuação da população de cigarrinhas no quiabeiro.

Mosca branca (*Bemisia tabaci*):

A incidência sazonal de populações de mosca branca (*B. tabaci*) no quiabeiro e a sua correlação com factores abióticos foi estudada por Kumawat *et al.* (2000) e observou que a infestação de moscas brancas começou na quarta semana de julho e atingiu o pico na quarta semana de setembro. A temperatura máxima foi significativamente correlacionada com a densidade da mosca branca.

Bairwa *et al.* (2005) realizaram um ensaio em diferentes datas de sementeira (7, 14, 21 e 28 de julho) em quiabeiro cv. Pusa Sawami durante a kharif 2000, no Rajastão, para avaliar a incidência natural de moscas brancas e referiram que a infestação e os danos nos frutos por todas as pragas aumentavam com o atraso na sementeira. Para determinar a distribuição espacial de *B. tabaci* em diferentes cultivares de quiabo, Hasan *et al.* (2008) efectuaram estudos de campo que revelaram diferenças significativas na densidade da praga em diferentes fases de crescimento da cultura, ou seja, 30, 45 e 60 dias após a plantação. O pico populacional foi registado na cultura com 60 dias, enquanto o menor foi registado na cultura com 30 dias. A densidade populacional foi mais elevada (3,2-6,7 adultos/folha) durante a contagem da época da quaresma (2,1-4,2 adultos/folha). A *B. tabaci* seguiu uma distribuição regular, tendo sido também registado um padrão de distribuição agregado quando a população era baixa em 2005.

Em Maharashtra, estudos de campo realizados por Magar e Nirmal (2010) revelaram que a cultura semeada em agosto (*kharif*) teve o rendimento mais elevado (5827 kg/ha) com 1,02 moscas brancas/folha e 58,31% (YVM) de incidência de doenças. No verão, o quiabo semeado em fevereiro deu o maior rendimento de 4690 kg/ha com 0,69 moscas brancas/folha e 44,50% (YVM) de incidência da doença. No entanto, a cultura semeada em janeiro, setembro, outubro, novembro e dezembro registou uma menor incidência de mosca branca e de doenças do que as semeadas em agosto e fevereiro, mas o nível de rendimento nestes meses não foi proporcionalmente mais elevado com o menor nível de incidência. A cultura semeada em março, abril, maio, junho e julho registou maior incidência de mosca branca e de doenças e rendimentos mais baixos.

Broca do rebento e do fruto (*Earias vitella*):

Ahmad *et al.* (2000) revelaram que, no verão de 1996-97, o pico da população de larvas de *Earias vittella* (185,7) foi observado durante a 1ª quinzena de julho, quando a temperatura era de 29,9+ou-2,9 °C, a humidade relativa (HR) de 84,0+ou-5,1% e a precipitação de 61,4 mm, enquanto a população era mínima (109,3) durante a 2nd quinzena de maio, quando a temperatura (31,6+ou-7,7 °C) era comparativamente mais elevada, a HR (54+ou- 2,1%) mais baixa e não havia precipitação. A população larvar foi correlacionada com os factores meteorológicos. A análise revelou a existência de uma relação positiva significativa com a temperatura mínima (r=0,578) e de uma correlação negativa com a temperatura máxima (r=-0,747), bem como uma correlação positiva com a HR às 7 h (r=0,774) e às 14 h (r=0,800), respetivamente. A precipitação também teve um impacto significativo na população de larvas, uma vez que o coeficiente de correlação (r=0,410) foi significativo. A análise de regressão múltipla revelou que, com o aumento de uma unidade na temperatura máxima e mínima, houve uma diminuição de 7,9% e um aumento de 10,2% na população de larvas, respetivamente. Do mesmo modo, com o aumento de uma unidade na precipitação, registou-se uma diminuição de 0,8% na população de larvas.

Estudos efectuados em Mohanpur, Bengala Ocidental, por Naresh *et al.* (2003) revelaram que os danos causados por *E. vittella* nos rebentos e frutos do quiabeiro ocorreram com 3 e 6 semanas de idade, respetivamente. Dois picos de *E. vittella*, um na fase vegetativa e outro na fase reprodutiva, ocorreram durante a segunda quinzena de agosto e a segunda semana de setembro, respetivamente.

Um ensaio sobre diferentes datas de sementeira (7, 14, 21 e 28 de julho) do quiabeiro cv. Pusa Sawami durante a kharif 2000, no Rajastão, revelou que a infestação e os danos causados aos frutos pela broca do fruto e do rebento aumentavam com o atraso da sementeira. A maior produção de frutos, 32,02 q/ha, foi obtida na primeira data de sementeira. (Bairwa *et al.*, 2005).

O impacto dos parâmetros meteorológicos na incidência e na atividade de *E. vittella* no quiabeiro cv. Pusa Sawani foi estudado por Mandal *et al.* (2006 a) em Pusa, Bihar, e revelou que a atividade da praga começou a desenvolver-se a partir da quarta semana de cultura e manteve-se intensificada criticamente abaixo de uma temperatura máxima de 35 °C e acima de uma temperatura mínima de 22 °C. Foi observada uma correlação negativa significativa com a temperatura máxima e relações positivas com a temperatura mínima, a humidade relativa, a pressão de vapor e a precipitação. Os modelos de regressão explicaram 9395% da variabilidade da infestação da broca do quiabo devido aos parâmetros meteorológicos.

Estudos sobre os efeitos das variáveis meteorológicas na dinâmica populacional da broca do fruto e do rebento, *E. vittella*, que infesta o quiabeiro cv. Pusa Sawani, efectuados por Mandal *et al.* (2006 b) em Pusa, Bihar, durante o verão de 2000-01, revelaram que o atraso na sementeira aumentou o ataque da broca. Na cultura semeada tardiamente (7 de abril), observou-se uma redução de quase 31% no rendimento do quiabeiro.

Em Bihar, Mandal *et al.* (2007 a) estudaram a incidência da broca do fruto e do rebento (*E. vittella*) em relação a diferentes datas de sementeira (16 e 26 de fevereiro; 8, 18 e 28 de março e 7 de abril) com cultivares (Arka Abhay, Arka Anamika, D-1 87-5, KS-312 e Pusa Sawani) de quiabeiro e revelaram que a data de sementeira influenciou significativamente a magnitude da incidência de pragas em cultivares de quiabeiro. A sementeira de culturas com cultivares resistentes em meados de fevereiro reduziu a incidência de ataques de pragas e aumentou o rendimento.

Estudos realizados em Tamil Nadu, sobre a incidência sazonal de brocas de quiabo em 1998-1999 por Sumathi (2007) mostraram que a sementeira em 14 de maio de 1998 registou menos danos nos frutos pelas brocas de frutos, *Earias* spp. numa extensão de 5,79%, enquanto a população de coccinelídeos foi máxima na mesma data de sementeira.

Em Rajasthan, a incidência da broca do rebento e do fruto (*Earias* spp.) no quiabeiro foi estudada por Meena *et al.* (2010), que observaram que a infestação da broca do rebento ocorreu desde a primeira semana de agosto até à colheita da cultura, mas aumentou gradualmente de 1,0 e 0,66% desde as fases iniciais para 23,0 e 25,0% na terceira semana de outubro em 2002-03, respetivamente. A temperatura mínima e a humidade relativa tiveram uma correlação negativa significativa, enquanto as temperaturas máxima e mínima foram negativamente correlacionadas com a infestação da broca do fruto.

Estudos de campo conduzidos por Sharma *et al.* (2010) durante a kharif 2005 -06 mostraram que a incidência da broca começou na 29ª semana padrão. O pico de infestação das plantas (91,6%) foi observado na 45.ª semana padrãoth . O número máximo de larvas (7,5 larvas/ 10 plantas) foi registado na 42nd semana padrão. A quantidade máxima de frutos danificados em número foi de 54,3% e em peso foi de 54,7% quando a cultura tinha 18 semanas de idade na semana padrão 42nd . A correlação entre a população da praga e os parâmetros meteorológicos mostrou que a população da broca estava negativamente correlacionada com a temperatura e a humidade relativa, mas não significativamente e negativamente correlacionada com a precipitação em termos de população larvar e percentagem de plantas infestadas.

Broca da vagem da grama (*Helicoverpa armigera*):

Uma experiência de campo foi conduzida por Jagtap *et al.* (2008), que relataram que a população de *Earias vittella, Helicoverpa armigera, Agrotis ypsilon* [*A. ypsilon*], *Condica illecta* e *Pectinophora gossypiella* variou de 0,6 a 8,6, 0 a 3,2, 1,4 a 15,0, 7,0 a 15,8 e 0,8 a 4,0 larvas por quadrante no quiabeiro durante o verão de 2005. A humidade relativa antes do meio-dia e o número de dias de chuva tiveram as maiores influências directas positivas e negativas na população larvar de *H. armigera*.

Singh *et al.* (2010) referiram que a incidência larvar de *Helicoverpa armigera* no quiabeiro ocorreu às 19-27 semanas padrão.

Rolo das folhas (*Sylepta derogata*):

Uma experiência de campo em dois locais diferentes de Himachal Pradesh, realizada por Badiyala (2011), revelou que o pico da população de rolos de folhas surgiu na 1st a 3rd semana de agosto em Palampur e na última semana de julho em Kachhiari, em 2005 e 2006. A humidade relativa influenciou significativamente de forma positiva a incidência da praga no quiabeiro, enquanto a temperatura máxima e as horas de sol brilhante apresentaram um efeito negativo significativo na população de larvas e na infestação das folhas.

Nath *et al.* (2011) concluíram que as larvas de *S. derogata* mostraram uma relação positiva não significativa com a HR, a precipitação e as horas de sol, respetivamente, e uma relação negativa não significativa com a temperatura.

O enrolador de folhas *Sylepta derogata* atingiu o seu pico na 2nd semana de julho (28th semana normal) no quiabeiro da região de Terai em Bengala Ocidental (Ghosh *et al.*, 1999).

2.3 Análises de diferentes insecticidas utilizados em diferentes módulos:

Acefato:

Os resultados obtidos a partir da investigação levada a cabo por Eijaz *et al.* (2012) concluíram que os pesticidas organofosforados, incluindo o dimetoato, o acefato e o malatião, foram considerados eficazes para controlar a população de jassídeos que se alimentam do quiabeiro, mas as doses baixas de pesticidas, incluindo o profenfos, foram consideradas ineficazes.

A gestão de jassídeos, tripes e mosca branca foi eficazmente efectuada com acefato e fipronil no feijão de cacho juntamente com outros neonicotinóides na Universidade Agrícola de Anand durante a estação do verão (Pachundkar *et al.*, 2013).

Iqbal *et al.* (2013) procederam à avaliação no terreno de alguns insecticidas contra insectos sugadores do feijão mungo, tendo o acefato proporcionado o máximo controlo dos tripes e sido considerado o inseticida mais eficaz, seguido do acetamipride.

Um ensaio de campo foi conduzido por Reddy *et al.* (2013) durante três épocas consecutivas de *kharif* de 2010, 2011 e 2012 para estudar a eficácia de certos fungos entomopatogénicos *viz, Beauveria bassiana, Metarhizium anisopliae , Verticilium lecani* @ 5 g/ l com 1x108 CFU juntamente com o controlo padrão - Acefato 75% SP @ 1,5 g/ l contra o fungo castanho, *Nilaparvata lugen* Stal. e predadores (percevejos e aranhas). Os resultados indicaram claramente que o Acephate 75 SP @ 1.5g/l foi altamente eficaz contra BPH, mas altamente tóxico para predadores com maior rendimento de grãos e maior relação custo-benefício. No entanto, *B. bassiana* e *M. anisopliae* @ 5 g/l, embora tenham sido ineficazes aos 5 dias após a primeira pulverização, a sua eficácia contra a HBP aumentou com o aumento dos dias após a pulverização e foi equiparada ao Acefato aos 10 dias após a segunda pulverização.

No algodão Bt, Bharpoda *et al.* (2014) concluíram que diferentes insecticidas, nomeadamente imidaclopride 17,8 SL @ 0,008% (7,50 pulgões e 1,47 moscas brancas/folha), tiametoxame 25 WG @ 0,0125% (1,22 fungos/folha) e diafentiurão 50 WP @ 0,05% (1,43 tripes/folha), foram mais eficazes e mais seguros para os inimigos naturais, nomeadamente *Chrysoperla carnea* (adulto), aranhas e coccinelídeos (larvas e adultos). O maior rendimento de algodão em caroço (30,81 q/ha) foi colhido em culturas tratadas com imidaclopride, seguido de clotianidina (27,34 q/ha), difentiurão (26,93 q/ha), tiametoxame (26,01 q/ha) e acetamipride (25,68 q/ha). O rácio custo-benefício inseticida mais elevado (1: 16,54) foi registado no imidaclopride, seguido do acetamipride (11,06), do acefato (10,38), do tiametoxame (7,05) e do difentiurão (6,13).

Acetamipride:

Ghosal *et al.* (2013) concluíram que, para controlar a população de pulgões do quiabeiro, os dois neonicotinóides, a saber, tiametoxame 25WG @ 50 g a.i. ha^{-1} e acetamipride 20SP @ 40 g a.i. ha^{-1}, foram considerados iguais ao imidaclopride e apresentaram melhores resultados do que o acefato 75WP e o dimetoato 30EC. Considerando a relação custo-benefício incremental, o acetamipride 20SP @ 40g a.i. ha^{-1} foi considerado mais económico do que outros neonicotinóides.

O acetamipride revelou-se muito eficaz, tal como outros neonicotinóides, contra as pragas sugadoras do quiabeiro, o que foi confirmado por Begum *et al.* (2016).

O acetamipride foi o mais eficaz, reduzindo a incidência de jassídeos do quiabeiro de 4,53/planta para 1,28/planta em 10 dias. Os biopesticidas também foram eficazes contra o jassídeo, registando uma incidência de 3,41, 3,47, 3,84, 4,20, 4,84 e 5,60/planta nos horários com *M. anisopliae*, *C. zastrowi sillemi* @ (1 lakh/ha), *C. zastrowi sillemi* @ (75.000/ha), *B. bassiana, V. lecanii* e Neemazol, respetivamente (Janghel, 2015).

De acordo com Shivanna *et al.* (2011), o acetamipride, enquanto novo inseticida, foi considerado muito superior e estatisticamente igual ao imidaclopride, à fenpropatrina e ao triazofos na gestão de pragas sugadoras do algodão transgénico.

***Bacillus thuringiensis*:**

Kranthi *et al.* (2005) verificaram que a expressão de Cry1Ac era variável entre os híbridos e também entre as diferentes partes da planta. Verificou-se que as folhas das plantas *de algodão Bt apresentavam* os níveis mais elevados de expressão de Cry1Ac, seguidas pelos quadrados, cápsulas e flores. A expressão da toxina na casca da cápsula, no botão do quadrado e no ovário das flores era claramente inadequada para conferir proteção total às partes frutíferas. Os níveis crescentes de sobrevivência *da Helicoverpa armigera* estavam correlacionados com a diminuição dos níveis de toxina para menos de 1,8 mg/g nas partes da planta. O declínio sazonal independente do genótipo dos níveis da toxina Cry1Ac foi observado em todos os híbridos. A expressão de Cry1Ac diminuiu consistentemente à medida que a planta envelhecia. O declínio da Cry1Ac foi mais rápido nalguns híbridos do que noutros.

Bioeficácia sazonal da proteína inseticida *Bacillus thuringiensis* (Bt) contra *Helicoverpa armigera* (Hubner), *Earias vittella* (Fabricius), *Spodoptera litura* (Fabricius) e *Pectinophora gossypiella* (Saunders) em algodão transgénico Bt RCH-2 BG-II (*cry1Ac+cry2Ab*) e RCH-2 Bt (*cry1Ac*) foi investigada na região de Dharwad de Karnataka, Índia, em 2007-08 por Onkaramurthy *et al.* (2015). Os resultados mostraram que o teor de toxinas (mortalidade larvar) no algodão Bt mudou/ diminuiu gradualmente com o avanço da época de cultivo. Geralmente, os níveis de proteína inseticida (mortalidade larvar) eram elevados durante a fase inicial do crescimento da cultura, diminuindo gradualmente ao longo do tempo. Em comparação com o RCH-2 Bt, a expressão (mortalidade) da proteína cry1Ac+cry2Ab no RCH-2BG-II foi significativamente elevada durante todo o período de cultivo.

Clorfluazurão:

Estudos laboratoriais sobre os efeitos de diferentes reguladores de crescimento de insectos contra larvas de 3rd instares da broca da vagem *Helicoverpa armigera* (Hb.) indicam que a mortalidade de 50% das larvas de 3rd instares de *H. armigera* (Hb.) após 120 h de tratamento causado em concentrações; 0,0075%, 0,0076%, 0,0133% e 0,0181%; por lufenuron, flufenoxuron, clorfluazuron e diflubenzuron, respetivamente (Khatri *et al*, 2015). Os resultados sugerem, assim, que todos os reguladores de crescimento de insectos foram eficazes no controlo de *H. armigera* (Hb.).

Iqbal *et al.* (2014) referiram que a inclusão do clorfluazurão no programa de gestão integrada de pragas seria uma boa opção para os agricultores. Além disso, a aplicação atempada de clorfluazurão seria o fator crítico para a gestão eficaz da população de SBW no algodão.

O clorfluazurão foi considerado muito eficaz contra a broca do grão menor, *Rhyzopertha dominica*, e permite reduzir os danos dos produtos de grãos armazenados, o que foi confirmado por Elek (1994).

Dinotefurano:

Ghelani *et al.* (2014) concluíram que o dinotefurano se revelou muito eficaz, logo a seguir ao flonicamide, entre muitos insecticidas como o imidaclopride, o acetamipride, o tiametoxame e alguns biopesticidas contra as principais pragas sugadoras do algodão Bt. Todos os biopesticidas reduziram a percentagem de mortalidade das pragas-alvo do algodão Bt a um nível inferior ao de todos os outros insecticidas.

Em condições de campo, o dinotefurão teve um espetro de ação muito bom ao longo das estações contra a população de BPH no arroz do que o acefato convencional e os neo-nicotenóides normalmente utilizados. O dinotefurão 20 SG foi considerado bastante eficaz contra a HBP a 25 g ai./ha e foi também muito seguro para os predadores importantes registados como presentes nos arrozais. O valor LC_{50} do dinotefurano, determinado no teste laboratorial às 24 h, foi de 0,415 ppm (Ghosh *et al.*, 2014).

Gaurkhede *et al.* (2015) indicaram que o dinotefurano pode ser adequadamente incorporado num programa de gestão integrada de pragas sugadoras do algodão.

A partir do experimento de Palumbo *et al.* (2015), verificou-se que os organofosforados e piretróides parecem ser bastante eficazes; no entanto, as respostas medidas das plantas indicam que os neonicotinóides, como o dinotefurano, oferecem uma alternativa para o manejo de *Bagrada hilaris* que pode se encaixar nos programas de manejo integrado de pragas para as culturas de *Brassica.*

Benzoato de emamectina:

Devi *et al.* (2014) provaram a eficácia no terreno de alguns insecticidas bio-racionais contra a broca do rebento e do fruto do quiabeiro e indicaram que o benzoato de emamectina é um inseticida novo que pode ser utilizado para gerir esta praga.

Govindan *et al.* (2013), investigaram e confirmaram que o benzoato de emamectina 5 SG a 11 g a.i. ha^{-1} era física e biologicamente compatível com endosulfan, carbendazim e ureia e eficaz contra a broca do fruto *Helicoverpa armigera*, reduzindo os seus danos nas plantas de quiabo.

Chowdary *et al.* (2010) avaliaram que o rynaxypyr 20 SC @ 30 g a.i./ ha e o rynaxypyr 20 SC @ 20 g a.i./ ha foram superiores no registo de menos populações de larvas, menores danos nos frutos (7.80 e 10,51%) e maior produção de frutos (11,60 e 10,89 t/ ha), seguidos por spinosad @ 56 g.a.i/ ha, benzoato de emamectina @15 g.a.i/ ha e flubendiamida @ 45 g.a.i/ ha.

Bansode *et al.* (2015) realizaram uma experiência de campo e os seus resultados indicaram que o benzoato de emamectina pode gerir eficazmente a broca do rebento e do fruto do quiabeiro, seguido do indoxacarb e do profenofos.

O benzoato de emamectina foi considerado muito superior no manejo da broca do broto e do fruto do brinjal com uma ferramenta eficiente de IPM desta cultura, o que foi confirmado por Tamoghna *et al.* (2014).

Flonicamida:

No arroz, observou-se uma população significativamente baixa de BPH (1,40-1,30/colina) com a nova molécula UPI-206 (flonicamid 50 WG) a 150 g a.i./ha, com uma redução de 88,73 e 90,30% em relação ao controlo não tratado durante a colheita de 2007 e o verão de 2008, respetivamente (Misra, 2009).

A flonicamida teve um bom desempenho na gestão da população ninfal e adulta da mosca branca *Bemisia tabaci* e pode ser incluída num IPM eficaz da mosca branca que infesta o algodão (Abbas e Farhan, 2013).

Chandi e Kaur (2015) referiram que o flonicamide a 175 g/ha foi superior ao imidaclopride, ao acetamipride e ao tiametoxame no combate aos afídeos do aipo, com menor toxicidade para os coccinelídeos.

Gaurkhede *et al.* (2015) investigaram e concluíram que a flonicamida é um novo inseticida sistémico muito eficaz para gerir economicamente as pragas sugadoras do algodão.

Flubendiamida:

Katti e Surpur (2015) avaliaram a flubendiamida contra a broca do fruto e do rebento do quiabeiro e confirmaram que a flubendiamida 480 SC @ 60 g a.i/ ha e a flubendiamida 480 SC @ 48 g a.i/ ha foram superiores no registo de menos danos nos rebentos (8,7% e 10,00%), menores danos nos frutos (5,70% e 9,00%) e maior rendimento de frutos (113,00 q/ ha e 104,00 q/ ha), seguidos pela cipermetrina @ 10 EC g.a.i/ ha.

Bansode *et al.* (2015) realizaram uma experiência de campo para avaliar a eficácia de novos insecticidas contra *Earias vitella* Fab. que infestavam a cultura do quiabo durante 2014 em Rahuri, na Índia. Os resultados indicaram que a flubendiamida@ 60 g a.i./ ha foi o tratamento mais eficaz, registando a menor percentagem (13,42%) de infestação de frutos com um rendimento mais elevado de 15,27 toneladas/ ha . Foi, a par do benzoato de emamectina @ 9,5 g a.i./ ha (13,61%).

Shimoge e Vemuri (2014) relataram a eficácia da flubendiamida contra *Earias vitella* infestando quiabos.

Ameta *et al.* (2011) referiram que a flubendiamida 480 SC a 100 ml/ ha provocou uma redução significativamente elevada das larvas, registou danos mínimos nas flores e nas vagens e um rendimento de sementes significativamente elevado. Ameta e Bunker (2007) realizaram uma experiência de campo e referiram que a flubendiamida a 48 g a.i/ ha provocou uma redução significativamente mais elevada na população de larvas da broca da fruta e registou os danos mais baixos nos frutos do que os restantes tratamentos durante ambos os anos de experimentação. O rendimento comercial registado com flubendiamida @ 48g a.i/ ha foi também significativamente superior ao registado nos outros tratamentos.

Clorpirifos + Cipermetrina:

O produto combinado de clorpirifos + cipermetrina foi avaliado contra *Spodoptera litura* por Thodsare e Srivastava (2015).

Rudramuni *et al.* (2011) descobriram que o tratamento inseticida clorpirifos + cipermetrina registou um número mínimo (1,2 por planta) de larvas de bollworm no algodão e foi significativamente superior ao triazofos + deltametrina (4,2 larvas por planta).

Imidaclopride:

Das e Islam (2014) referiram a maior eficácia do imidaclopride contra pragas sugadoras de brinjal em condições de campo.

Shaikh e Patel (2012) concluíram que, no que respeita à mosca-branca, a espiromesifena, o diafentiurão e o triazofos foram os mais eficazes, o imidaclopride, o profenofos e o cloridrato de cartape foram medíocres, enquanto a clotianidina, o tiametoxame e o tiaclopride foram os menos eficazes.

Ghosal *et al.* (2013) relataram que o imidaclopride 17,8 SL @ 50 g a.i. ha^{-1} foi considerado o inseticida neonicotinóide mais eficaz contra o pulgão. Registou a menor infestação de afídeos e uma redução de 84,54% da população em relação ao controlo.

De acordo com Begum *et al.* (2016), o imidaclopride 17,8 SL @ 40 g a.i./ ha foi o tratamento mais eficaz, indicando que a redução na população de cigarrinhas, pulgões, moscas brancas e tripes foi de 89,9, 93,1, 91,0 e 90,65 por cento, respetivamente, e registou um rendimento máximo de frutos de 52,2 q/ ha com um aumento de 97,72 por cento no rendimento de frutos em relação ao controlo não tratado no quiabo.

Indoxacarbe:

Ahmed *et al.* (2004); Surpam *et al.* (2015); Yogeeswarudu e Krishna (2014); Dabhi *et al.* (2015) encontraram uma maior bioeficácia do indoxacarb contra brocas de tecidos como *Helicoverpa armigera.*

Óleo de Karanj:

Este composto botânico revelou-se muito eficaz contra muitos lepidópteros que se alimentam de lepidópteros como *Spodoptera litura* (Packiam e Ignacimuthu, 2012); *Plutella xylostella* (Pavela, 2012).

Lambda-cialotrina:

A lambda-cialotrina foi considerada bastante eficaz na prática de gestão do escaravelho da pulga (Onunkun, 2012), da mosca branca e do jassídeo (Rehman *et al.*, 2015) no campo de quiabos.

Metomil:

O inseticida carbamato metomil foi considerado eficaz contra as principais pragas de insectos do algodão por Massoud *et al.* (2014).

Azadiractina:

A azadiractina sob a forma de óleo de nim revelou-se eficaz contra *Spodoptera litura* (Razak *et al.*, 2014) e jassídeo, mosca branca e tripes no algodão (Khattak *et al.*, 2006); ao mesmo tempo, também foi considerada muito promissora contra *Amrasca devastans* em brinjal (Akbar *et al.*, 2015) e pragas-chave de quiabo (Dhingra *et al.*, 2008) como um produto comercial de neemazol T/S.

Tiametoxame:

Como inseticida neonicotonóide de segunda geração, o tiametoxame revelou-se muito eficaz contra pragas sugadoras como o jassídeo, o afídeo, a mosca branca, os tripes, etc., em muitas das culturas agrícolas e hortícolas (Bajya *et al.*, 2013; Afzal *et al.*, 2014; Patil *et al.*, 2014).

2.4 Avaliação de botânicos e microbianos contra insectos pragas do quiabeiro: cigarrinha (*Amrasca biguttula biguttula*):

Uma experiência de campo realizada em Uttar Pradesh contra a cigarrinha, *A. biguttula biguttula,* no quiabeiro mostrou que o endosulfan (0,07%), o achook (0,07%) e o extrato de sementes de neem (NSKE) (3%) foram eficazes no controlo da cigarrinha. Entre os três, NSKE 3% deu a maior relação custo: benefício (1:10,7), seguido por endosulfan (1:10,07) (Kumar e Singh, 2001).

Mais uma vez, Singh e Kumar (2003) avaliaram a eficácia de pesticidas à base de nim contra a cigarrinha (*A. biguttulla biguttulla*), os tratamentos incluíam endosulfan a 0,07%, achook a 0,7%, neemarin a 0,7%, extrato de semente de nim (NSKE) a 1%, NSKE a 3% e um controlo que revelou que o endosulfan, seguido de achook e NSKE (3%), eram os mais eficazes no controlo da cigarrinha. As parcelas tratadas com achook deram o maior rendimento de 50,06q/ha e foi significativamente superior aos outros tratamentos. No entanto, com base na relação custo/benefício, o NSKE (3%) ficou em primeiro lugar (1:10,70), seguido do endosulfan (1:10,07).

Uma experiência em Gujarat, para determinar a eficácia do inseticida botânico, 0,15% de achook, sozinho ou em combinação com 0,035% de endosulfan contra *A. biguttula biguttula* do quiabeiro, relatou que duas pulverizações de 0,035% de endosulfan seguidas de duas pulverizações de 0,15% de achook a 0,4% proporcionaram o maior controlo das cigarrinhas (Panickar *et al.*, 2003).

Comparando a eficácia de três pesticidas de neem (neemazal, achook e nimbecidina), dois piretróides sintéticos (lambda-cialotrina e beta-ciflutrina) e um inseticida convencional (endosulfan) contra *A. biguttula biguttula* do quiabeiro por Sinha e Sharma (2007), que referiram que os tratamentos por pulverização de lambda-cialotrina a 50 g a.i./ha, beta-ciflutrina a 18,75 g a.i./ha e endossulfão a 700 g a.i./ha foram mais eficazes contra as cigarrinhas, enquanto os pesticidas à base de neem se revelaram moderadamente eficazes.

A eficácia do biopesticida *Bacillus thuringiensis* (Bt), aplicado em combinação com endosulfan, acefato, torta de nim e/ou óleo de nim no controlo de *A. biguttula biguttula* foi determinada por Mandal *et al.* (2007 b) durante 2000-01 e revelou que todos os tratamentos proporcionaram um melhor controlo das pragas do quiabeiro em comparação com o controlo. As populações de *A. biguttula biguttula* foram mais baixas com a aplicação no solo de 200 kg de torta de neem/ha em combinação com a pulverização

de 0,5 litros de óleo de nim/ ha e 250 g de endossulfan/ ha. O mesmo tratamento resultou no maior rendimento da cultura (127,48 q/ha), enquanto a aplicação de óleo de neem resultou na maior relação custo: benefício (1:3,38).

Avaliando a eficácia de multineem (*A. indica*), NSKE (extrato de semente de nim) e inseticidas (endosulfan, imidacloprid e quinalphos), aplicados sozinhos ou em combinação, contra *A. biguttula biguttula* em quiabo, Nazrussalam *et al.* (2008) observaram que todos os tratamentos reduziram significativamente a percentagem de infestação de frutos e aumentaram o rendimento do quiabeiro e que o multineem a 1,0 l/ha + imidaclopride a 150,0 ml/ha (2 pulverizações) foi superior entre os tratamentos, resultando numa relação custo-benefício de 10,50:1.

Anitha e Nandihalli (2008) realizaram uma experiência de campo em Karnataka durante 2006-07 para avaliar a eficácia de botânicos e micopatógenos contra a cigarrinha do quiabeiro (cv. Arka Anamika) com NSKE (extrato de semente de neem) a 5%, óleo de neem a 2%, óleo de pongâmia a 2%, azadiractina a 1.0 ml/l, extrato de folhas de *Vitex negundo* a 5%, *Verticillium lecanii* a 1,0 g/l e *Metarhizium anisopliae* a 1,0 g/l e indicou que, 15 dias após a pulverização, o óleo de neem foi eficaz no controlo da população de cigarrinhas. O NSKE registou a relação custo/benefício mais elevada (1:8,56).

Avaliando a eficácia da gestão bio-intensiva das cigarrinhas, Nikhade *et al.* (2009) observaram que o endosulfan a 0,07% registou a maior redução da população de cigarrinhas (89,07%). NSE 5%, KSE 5% e CASE 5% foram considerados igualmente eficazes.

Naik e Shekharappa (2009) realizaram uma experiência de campo para estudar a bioeficácia de diferentes formulações de fungos entomopatogénicos, nomeadamente formulações à base de pó bruto, pó molhável e óleo de *Beauveria bassiana*, *Metarhizium anisopliae* e *Verticillium lecanii* contra a cigarrinha do quiabeiro durante 2007-08 e indicaram que a formulação à base de óleo de *M. anisopliae* registou um mínimo de 5,25 cigarrinhas/3 folhas, seguida da formulação à base de óleo de *B. bassiana* (6,88) e da formulação à base de óleo de *V. lecanii* (7,75) após a segunda pulverização. O rendimento do quiabeiro foi significativamente maior com a formulação à base de óleo de *M. anisopliae* (38,80 q/ha) e *V. lecanii* (38,50 q/ha), com retornos monetários de Rs. 14720 e Rs. 14480/ha, respetivamente, seguidos por *B. bassiana*. No entanto, a maior relação custo/benefício de 1:18,40 e 1:16,68 foi registada na formulação em pó molhável de *V. lecanii* e *M. anisopliae*, respetivamente.

Mosca branca (*Bemisia tabaci*):

Mudathir e Basedow (2004) estudaram a eficácia do extrato de água de semente de nim (NKWE) contendo 2,5-5,0 azadiractina A/ha e neemazal T/S contendo 6-12 azadiractina A/ha contra *B. tabaci*, no quiabeiro e descobriram que as preparações de nim reduziram significativamente a praga em 1998. Em comparação com a sumicidina, as preparações de neem aumentaram significativamente o rendimento do quiabeiro.

Pun *et al.* (2005) avaliaram a eficácia de produtos vegetais (extractos de folhas de *Bougainvillea spectabilis*, *Prosopis chilensis* e *Sorghum vulgare*, óleo de nim, extrato de semente de nim e Thuja sp.), ácido acetil salicílico, insecticidas (endosulfan e monocrotofos) contra *B. tabaci*, em quiabeiro cv. Pusa Sawani e observou que a pulverização com óleo de nim, extrato de semente de nim ou extractos de folhas de *B. spectabilis* ou *P. chilensis* provou ser a mais eficaz na redução da população de moscas brancas e também no aumento do rendimento.

A bioeficácia de vários insecticidas botânicos como 0,002% neemazal T/S (1%), 0,005% neemazal F (5%), 5% NSKE, 0,0006% Vanguard (0,15%), 0,0003% niconeem (0,03%), 0,0003% neemol (0,03%), 1% óleo de neem, 0,0006% gronim (0,15%), 0.07% de endosulfan e controlo foram avaliados contra pragas do quiabeiro por Adilakshmi *et al.* (2008) em Gujarat, durante o verão de 2006, e indicaram que todos os tratamentos insecticidas reduziram significativamente a população de mosca branca (*B. tabaci*). O NSKE (5%) apresentou uma população mínima de mosca branca (1,33 a 1,44 moscas brancas por folha). O NSKE (5%) revelou-se mais eficaz contra os insectos sugadores que infestam o quiabeiro e foi equivalente ao inseticida convencional recomendado (endosulfan). Todos os insecticidas comerciais à base de neem testados, incluindo o óleo de neem, foram mais ou menos igualmente eficazes na supressão das pragas sugadoras e registaram uma incidência significativamente mais baixa do que o controlo. Todos os tratamentos insecticidas foram iguais, no entanto, foi registado um rendimento relativamente maior (83,27 q/ha) com NSKE 5% seguido de endosulfan (83,17 q/ha) e niconeem (79,39 q/ha), enquanto as parcelas tratadas com neemazal T/S e neemazal F produziram um rendimento relativamente fraco (73,34 a 76,82 q/ha) de quiabos. A economia dos diferentes tratamentos mostrou que a maior relação custo/benefício incremental (1:41,55) foi encontrada no NSKE, seguida pelo endosulfan (1:28,49), óleo de nim (1: 25,43) e vanguarda (1: 18,23). Ambas as formulações de neemazal apresentaram um retorno económico relativamente fraco (1:7,16 a 8,19).

Nikhade *et al.* (2009) avaliaram a eficácia da gestão bio-intensiva do complexo de pragas sugadoras do quiabeiro e observaram que o endosulfan a 0,07% registou a maior redução da população de moscas brancas (78,56%). Os próximos tratamentos eficazes NSE 5%, KSE 5% e CASE 5% foram considerados igualmente eficazes. A aplicação de endosulfan a 0,07% obteve o maior rendimento de frutos de quiabo, 76,78 q/ha, seguido de NSE 5% (68,02 q/ha).

Naik e Shekharappa (2009) compararam a bioeficácia de diferentes formulações fúngicas entomopatogénicas, *nomeadamente*, formulações brutas, em pó molhável e à base de óleo de *Beauveria bassiana*, *Metarhizium anisopliae* e *Verticillium lecanii* contra moscas brancas e referiram que a formulação à base de óleo de *V. lecanii* registou o número médio mais baixo de 2,70 moscas brancas/3 folhas, seguida da formulação à base de óleo de *B. bassiana* (3,15) após a segunda pulverização.

Broca do rebento e do fruto (*Earias spp.*):

Comparando a eficácia de produtos de nim (5% de extrato de semente de nim, achook, nimbecidina, rakshak, bioneem (0,03 e 0,15 CE), nimbitor (ZA-199), neemgold e neemark) e insecticidas sintéticos (0,06% de endosulfan e 0.01% de cipermetrina) contra as brocas dos frutos (*Earias* spp.) do quiabeiro em Pune, Ambekar *et al.* (2000) observaram que todos os tratamentos insecticidas reduziram significativamente a percentagem de infestação de brocas dos frutos, tanto em número como em peso, em comparação com a testemunha não tratada. A cipermetrina registou a infestação mais baixa de broca da fruta (4,24%). Entre os produtos de nim, o achook a 0,5% foi o melhor na redução da infestação da broca da fruta e estava a par do ZA-199 a 0,5%.

Mishra e Mishra (2002) relataram que a incidência mais baixa de broca dos frutos (8,6% de frutos broqueados com base no peso) foi obtida quando o biotox foi aplicado 2 vezes alternado com uma aplicação de malathion, seguido pelo tratamento em que o malathion foi aplicado 2 vezes alternado com uma aplicação de biotox (10,6%). Multineem e neemax combinados com malathion ou aplicação única de malathion também reduziram a incidência da broca do fruto (11,7-13,3%) em comparação com o controlo não tratado, que teve a maior incidência de 16,9%.

Em Andhra Pradesh, a eficácia de algumas formulações de nim, como nimbecidina (1,0%), bioneem (1,0%), neemark (1,0%), achook (0,2%), vijayneem (0,2%), rakshak (0,2%), neemgold (0,2%), neemazal (0,03%), óleo de nim (1,0%) e inseticida convencional, endosulfan (0.07%) contra a broca do quiabeiro, *E. vittella* foram conduzidos por Gowri *et al.* (2002) que relataram que o endosulfan e a nimbecidina foram mais eficazes no controlo da broca do quiabeiro, *E. vittella* e deram maior rendimento de frutos de quiabeiro (cv. Parbhani Kranthi).

Panickar *et al.* (2003) observaram que duas pulverizações de 0,035% de endosulfan seguidas de duas pulverizações de 0,15% de achook a 0,4% proporcionaram o maior controlo da *E. vittella* que infestava o quiabeiro. A eficácia do extrato de água de semente de nim (NKWE) contendo 2,5-5,0 azadiractina A/ha e neemazal T/S contendo 6-12 azadiractina A/ha foi estudada contra *E. vittella* e revelou que as preparações de nim não só reduziram a população de *E. vittella* mas também aumentaram significativamente o rendimento do quiabeiro (Mudathir e Basedow, 2004).

Singh *et al.* (2005) relataram que o fenvalerato (0,015%) foi o mais eficaz na redução da incidência da praga e registou o rendimento máximo de 76,95 q/ha, seguido pelo extrato de semente de nim (NSKE) (1.5%), acefato (300 g a.i. /ha), NSKE (1%), extrato de caroço de semente de karanj (KSKE) (1,5%) e KSKE (1%), dando um rendimento de frutos de 58,27, 56,53, 47,32, 44,25 e 41,5 q/ha, respetivamente e pode ser utilizado para a gestão de *E. vittella*. O malatião (0,1%) foi o menos eficaz, produzindo um rendimento de frutos de 39,83 q/ha em comparação com 29,17 q/ha no controlo não tratado.

A eficácia de *Bacillus thuringiensis* (500 g/ha) aplicado sozinho ou em combinação com cartap (150 g/ha), acefato (300 g/ha), clorpirifos (250 g/ha) e endosulfan (250 g/ha) no controlo de pragas do quiabeiro foi determinada em Bihar durante 2000-01. O tratamento com *B. thuringiensis* em combinação com endosulfan resultou na percentagem mais baixa de infestação de rebentos (9,10%) e na percentagem de infestação de frutos em número (17,35%) e em peso (16,03%), bem como na maior produção de frutos comercializáveis (123,14 q/ha), rendimento líquido (Rs. 13635,50/ha) e rácio custo: benefício (1:2,96) (Mandal *et al.*, 2006 c).

Sinha e Sharma (2007) estudaram a eficácia comparativa de três pesticidas à base de neem (neemazal, achook e nimbecidina), dois piretróides sintéticos (lambda-cialotrina e beta-ciflutrina) e um inseticida convencional (endosulfan) contra a broca do caule e do fruto (*E. vittella*) do quiabeiro e indicou que os tratamentos por pulverização de lambda-cialotrina a 50 g a.i. /ha, betaciflutrina a 18,75 g a.i./ha e endossulfão a 700 g a.i. /ha foram os mais eficazes contra as brocas. Os pesticidas de Neem revelaram-se moderadamente eficazes. A infestação de brocas nos vários tratamentos variou entre 3,43 e 11,30%, em comparação com 34,31% no controlo.

Mandal *et al.* (2007 b) estudaram a eficácia do biopesticida *Bacillus thuringiensis* (Bt), aplicado em combinação com endosulfan, acefato, bolo de neem e óleo de neem no controlo de *E. vittella* e revelaram que todos os tratamentos proporcionaram um melhor controlo da praga do quiabeiro em comparação com o controlo. As populações de *E. vittella* foram mais baixas com a aplicação no solo de bolo de neem 200 kg /ha em combinação com a pulverização de óleo de neem 0,5 litros /ha e endosulfan 250 g/ha. O mesmo tratamento resultou no maior rendimento da cultura (127,48 q/ha), enquanto a aplicação de óleo de neem resultou na maior relação custo: benefício (1:3,38).

A eficácia de insecticidas botânicos contra *E. vittella* no quiabeiro foi avaliada por Sakthivel *et al.* (2008) em Pondicherry e observaram que o extrato de semente de neem (NSKE) resultou no menor grau de danos nos rebentos tanto na primeira (8,02%) como na segunda colheita (8,03%), mas foi igual ao óleo de neem (8,81 e 9,26%, respetivamente), seguido de negundo (*Acer negundo*). Os danos nos frutos foram menores, e o rendimento e a relação custo/benefício foram mais elevados nas plantas tratadas com NSKE e óleo de neem na primeira e segunda colheitas.

Comparando a eficácia do multineem (*A. indica*), NSKE (extrato de semente de neem) e insecticidas (endosulfan, imidaclopride e quinalfos), aplicados isoladamente ou em combinação, contra *E. vittella* no quiabeiro em Bihar, Nazrussalam *et al.* (2008) observaram que todos os tratamentos reduziram significativamente a percentagem de infestação de frutos e aumentaram o rendimento do quiabeiro e que o multineem a 1,0 l/ha + imidaclopride a 150,0 ml/ha (2 pulverizações) foi superior entre os tratamentos, resultando numa relação custo-benefício de 1:10,50.

De acordo com Biswas *et al.* (2008), apenas 13,98% de frutos danificados (em peso) foram registados em parcelas tratadas com neem com um melhor rendimento de 39,60 q/ha, portanto o neem pode ser recomendado para o programa IPM no quiabeiro.

Broca da vagem da grama (*Helicoverpa armigera*):

Os estudos realizados sobre a toxicidade persistente/residual de diferentes misturas de insecticidas, biopesticidas e plantas contra *H. armigera*, para controlar a sua população abaixo do ETL, revelaram que o foguete 0,05% foi o inseticida mais persistente, provocando a mortalidade contínua das larvas até 10 dias após a pulverização. Foi seguido de perto por colphos 0-05% e profenofos 0,05%, enquanto a formulação de eucalipto provou ser a menos persistente. No entanto, Srivastava e Upadhyay (2009) encontraram nimbicidina (formulação de neem) e formulação de eucalipto que registaram 53,33% de mortalidade em ambos os tratamentos.

Sukumar *et al.* (2014) relataram que o indoxacarb 14,5 SC foi superior a todos os tratamentos após a primeira e segunda pulverizações e o óleo de neem foi superior a outros produtos vegetais. O indoxacarb registou danos mínimos nas vagens de 13,7% e a maior produção de vagens de 1745 kg/ha. Assim, a relação custo-benefício mais elevada também foi registada no indoxacarb (1:2,34) seguido de clorpirifos (1:1,77), profenofos (1:1,51), óleo de neem (1:1,32), NSKE (1:1,07), extrato de folha de *Pongamia* (1:0,49) provou ser o tratamento menos eficaz.

Foi realizada uma experiência para testar a toxicidade persistente de *Helicoverpa armigera* (Hbn.) no algodão com botânicos e biopesicidas (Borkar *et al.*, 2013). Os resultados revelaram que as mortalidades significativamente mais elevadas foram registadas durante os primeiros dias após a aplicação dos tratamentos, que diminuíram ainda mais à medida que os dias avançavam. Em laboratório, os tratamentos de NSE 5% seguido de *HaNPV*, NSE 5% por spinosad 45 SC, azadiractina 1500 ppm, um spinosad 45 SC, NSE 5% e *HaNPV* mostraram o melhor desempenho ao registar 76,38 a 100% de mortalidade larvar até 5th dia. Com base nos valores de PT, na toxicidade e na persistência, os botânicos seguidos de biopesticidas como o spinosad 45 SC ou o *HaNPV* 250 LE/ha tiveram um melhor desempenho do que os botânicos e os biopesticidas apenas.

Verma *et al.* (2014) realizaram um estudo de campo para determinar a eficácia comparativa do endossulfão 35 EC, NSKE, extractos de folhas de alho, extractos de folhas de cebola, extractos de folhas de calêndula, extractos de folhas de papaia e HaNPV @ 450 LE/ha contra a população larvar da broca da vagem da grama, *Helicoverpa armigera*, no grão-de-bico. A eficácia dos insecticidas foi verificada comparando as parcelas tratadas com as parcelas de controlo. Todos os insecticidas resultaram numa redução significativa da densidade da população de larvas da praga e, consequentemente, dos danos causados às vagens e no aumento do rendimento do grão, em comparação com a testemunha. No entanto, o endosulfan provou ser o melhor inseticida, seguido de extractos de folhas de alho a 5%+NPV a 450 LE/ha.

2.5 Avaliação de diferentes pesticidas isolados ou em combinação (pré-misturados) contra insectos pragas do quiabeiro:

Cigarrinha (*Amrasca biguttula biguttula*):

A eficácia relativa do acetamipride, tiametoxame, imidaclopride, NACLFMOA e abamectina contra a cigarrinha *A. biguttula biguttula* no quiabeiro foi avaliada numa experiência de campo em Orissa, Acharya *et al.* (2002) verificaram que o acetamipride (20 g a.i. /ha), o tiometoxame e o imidaclopride (25 g a.i./ha) foram os mais eficazes no controlo da cigarrinha do quiabeiro, seguidos dos metabolitos de fermentação, NACLFMOA, e da abamectina, ambos a 20 g a.i./ha. Dos 10 pesticidas avaliados, as nitroguanidinas deram 77,2-86,0% de redução da população de cigarrinhas 21 dias após a aplicação, seguidas pelos metabólitos de fermentação que deram 66,8-70,9% de redução na população da praga. As novas moléculas avaliadas eram mais seguras para o escaravelho.

Misra (2002) avaliou novos insecticidas como o tiometoxame (actara 25 WG), o imidaclopride (confidor 200 SL) e o profenofos + cipermetrina (rocket 44 EC) com insecticidas convencionais como o dimetoato (rogor 30 EC), a cipermetrina (superkiller 10 EC), o profenofos (curacron 50 EC) e um produto vegetal, a azadiractina (neemarina 1500 ppm) contra cigarrinhas (*A. biguttula biguttula) e revelou que o imidaclopride e o tiometoxame, ambos pertencentes ao grupo das nitroguanidinas, a*

25 g a.i./ha, se revelaram significativamente superiores no controlo de cigarrinhas (*A. biguttula biguttula). biguttula biguttula*) e revelou que o imidaclopride e o tiometoxame, ambos pertencentes ao grupo das nitroguanidinas, a 25 g a.i./ha, se revelaram significativamente superiores no controlo das cigarrinhas do quiabeiro.

O dimetoato a 300 g a.i. /ha e a cipermetrina a 100 g a.i./ha seguiram-se aos dois tratamentos acima referidos. O produto vegetal azadiractina a 3 g a.i. /ha não foi eficaz contra as cigarrinhas.

Foi realizada uma experiência em 1999-2000, em Orissa, para avaliar insecticidas de nova geração, como o tiametoxame 25 WG a 12,5, 25,0, 37,5 e 50,0 g a.i. /ha, o imidaclopride 200 SL a 25,0 g a.i/ha, profenofos 50 EC a 250,0 g a.i/ha, juntamente com potenciais insecticidas convencionais dimetoato 30 EC a 300,0 g a.i./ha, monocrotofos 36 SC a 400,0 g a.i./ha e um inseticida botânico azadiractina a 3.0 g a.i. /ha contra a cigarrinha do quiabeiro (*A. biguttula biguttula*), Misra e Senapati (2003) relataram que o tiametoxame variando de 25 a 50 g a.i. /ha e o imidaclopride a 25,0 g a.i. /ha proporcionaram um excelente controlo significativo da cigarrinha (83,3100,00%) e aumentaram a produção de frutos comercializáveis (32,40-35,44%) do quiabeiro em comparação com os insecticidas convencionais, a azadiractina e a testemunha não tratada.

Estudos sobre a toxicidade de dois neonicotinóides (tiametoxame e imidaclopride) e de alguns insecticidas vulgarmente utilizados (oxidemetão-metilo, dimetoato, fenvalerato, monocrotofos e malatião) contra as ninfas de terceiro instar de *A. biguttula biguttula* (estirpe Hisar) em quiabos, em condições de estufa, por Ravikumar *et al.* (2003), que indicaram que os respectivos valores LC50 (%) eram 0,000314, 0,000813, 0,005927, 0,006273, 0,008110, 0,025100 e 0,02690,

respetivamente. O tiametoxame foi 85,95 vezes mais tóxico do que o malatião, o menos tóxico.

Dois novos insecticidas sistémicos pertencentes ao grupo das nitroguanidinas, o imidaclopride e o acetamipride, foram avaliados e comparados com o metil demetão para o controlo da cigarrinha, *A. biguttula biguttula*, no quiabeiro, em 2002-03, no Rajastão, por Singh *et al.* (2005) e revelaram que a formulação de imidaclopride, confidor 350 SC a 75 ml/ha, foi o tratamento mais eficaz na redução da incidência da cigarrinha para uma média de 10,65 por 5 plantas, e registando o rendimento máximo de frutos de 87,4 q/ha. Em comparação, os tratamentos com metil demetão a 1000 ml/ha e a formulação de acetamipride, Pride 20 SP a 50 ml/ha, registaram uma produção de frutos significativamente inferior de 40,25 e 35,69 q/ha, respetivamente, mas foram melhores do que o controlo (29,02 q/ha).

Avaliando a bioeficácia de alguns insecticidas mais recentes contra a cigarrinha (*A. biguttula biguttula*) do quiabeiro em Bihar, durante a *colheita* de 2004, Mitalilal *et al.* (2005) referiram que todos os tratamentos insecticidas foram significativamente superiores à testemunha não tratada na redução da população de cigarrinhas no quiabeiro. A redução máxima foi observada no sétimo dia após cada pulverização. A eficácia dos insecticidas diminuiu progressivamente no 14^{oth} dia após a pulverização. Imidacloprid a 40 g a.i. /ha foi o melhor tratamento na redução da população de cigarrinhas no quiabeiro.

De acordo com Yadav *et al.* (2006), o cloridrato de cartap a 1,0 kg/ha e o imidaclopride a 1,0 ml/l controlam eficazmente a cigarrinha (*A. biguttula biguttula*) na cultura do quiabeiro.

Bhalala *et al.* (2006) realizaram um estudo de campo sobre diferentes taxas de tiometoxame 25 WG e os insecticidas recomendados, endossulfão e monocrotofos, contra a cigarrinha (*A. biguttula biguttula*) em Gujarat, durante a época de colheita de 1999-01, e referiram que o tiometoxame 25 WG em duas doses mais elevadas (50 e 37,5 g a.i. /ha) mostrou um controlo eficaz da população de cigarrinhas.

De acordo com Gowdar *et al.* (2007), o acetamipride, o imidaclopride, o triazofos e o monocrotofos reduziram significativamente a incidência do YVMV e a população média de mosca branca em comparação com o controlo. A pulverização com insecticidas registou uma relação custo/benefício mais elevada na produção de frutos, em comparação com o controlo. 2 pulverizações de acetamipride 20 SP a 40 g a.i. /ha foram eficazes na redução da incidência de YVMV, da população de mosca branca e no aumento do rendimento do quiabeiro.

A bioeficácia de alguns insecticidas mais recentes contra pragas sugadoras de quiabo foi estudada por Gosalwad *et al.* (2008) em Maharashtra durante as épocas de *colheita* de 2004-05, tendo sido constatada a eficácia do imidaclopride 17,8 SL a 40 g a.i. /ha foi considerado eficaz em ambos os anos, seguido do imidaclopride 17,8 SL a 20 g a.i. /ha e do acetamipride 20 SP a 40 g a.i. /ha na gestão da cigarrinha e no aumento do rendimento dos frutos de quiabo no que diz respeito à rentabilidade dos insecticidas químicos na gestão de pragas.

Yasmin *et al.* (2009) revelaram que o número médio mais baixo de população de cigarrinhas (1,33) foi registado em parcelas tratadas com admire 200SL seguido de actara 25WG. A percentagem de redução da população de cigarrinhas em relação ao controlo foi superior a 50% em ambos os produtos químicos.

Mosca branca (*Bemisia tabaci*):

De acordo com Ali *et al.* (2005), o imidaclopride reduziu significativamente a população de mosca branca, enquanto o extrato de neem e o agente de controlo biológico (EM) também foram considerados eficazes contra *B. tabaci* em comparação com o controlo não tratado.

Misra, (2005) avaliou a eficácia de 5 novos pesticidas e 5 pesticidas convencionais (acetamipride a 20 g, tiametoxame a 25 g, imidaclopride a 25 g, NACLFMOA a 20 g, abamectina a 20 g, dicofol a

500 g, etião a 250 g, dimetoato a 300 g, cipermetrina a 100 g e azadiractina a 3 g/ha) contra a mosca branca (*B. tabaci*), que infestam o quiabeiro e revelaram que o acetamipride e o imidaclopride se revelaram significativamente os melhores no controlo da mosca branca até 3 semanas após a aplicação, com uma redução da população de 81,02 e 82,71%, respetivamente, em relação ao controlo. O dicofol, o etião, a cipermetrina e a azadiractina não proporcionaram um controlo satisfatório da mosca branca.

Bhalala *et al.* (2006) realizaram um estudo de campo sobre as diferentes taxas de thiomethoxam 25 WG e os insecticidas recomendados, endosulfan e monocrotofos, contra a mosca branca (*B. tabaci*), tendo referido que o thiomethoxam 25 WG em duas doses mais elevadas (50 e 37,5 g a.i. /ha) revelou um controlo eficaz da população de mosca branca. As populações de mosca branca permaneceram ao mesmo nível que o tratamento com monocrotofos. No entanto, o thiomethoxam (50 g a.i. /ha) produziu uma maior quantidade de frutos comercializáveis.

Gosalwad *et al.* (2008) referiram que o imidaclopride 17,8 SL a 40 g a.i. /ha foi considerado eficaz na gestão das moscas brancas, seguido do imidaclopride 17,8 SL a 20 g a.i. /ha e do acetamipride 20 SP a 40 g a.i. /ha.

A eficácia do imidaclopride (admire 200SL) e do tiametoxame (actara 25WG) na população de moscas brancas e o seu impacto na infestação de vírus no quiabeiro foram avaliados em Dhaka por Yasmin *et al.* (2009) e revelaram que o número médio mais baixo de população de moscas brancas (1,86) foi registado nas parcelas tratadas com admire 200SL, seguido de actara 25WG. A percentagem de redução da população de mosca branca em relação ao controlo foi superior a 50% em ambos os produtos químicos. O número de plantas e folhas infectadas com o vírus do mosaico das veias amarelas do quiabo (OkYVCMV) foi significativamente mais baixo nas parcelas tratadas com admire 200SL em diferentes estágios da planta.

Broca do rebento e do fruto (*Earias spp.*):

Das *et al.* (2000) estudaram a eficácia de quatro insecticidas, *nomeadamente* imidaclopride, acetamipride, acefato e profenofos, contra a broca do fruto, *E. vittella*, no quiabeiro cv. Satsira, em Bengala Ocidental, e verificaram que a infestação da broca diminuiu 15,36, 12,42, 14,25 e 15,70% após 3 semanas da terceira e última pulverização com o respetivo inseticida. Em contrapartida, verificou-se uma infestação de 44,26% no controlo. O acefato apresentou a melhor relação custo/benefício, de 1:5,58, seguido do imidaclopride (1:4,63).

Comparando a eficácia de diferentes pesticidas (imidaclopride 17,8 SL a 100 ml/ha, acetamipride 20 SP a 50 g/ha, acefato 75 WSP a 333 g/ha, e profenofos 50 EC a 1500 ml/ha) no controlo de *E. vittella*, Das *et al.* (2001) observaram que uma redução significativa da infestação da broca do fruto foi notada

3 semanas após o tratamento final com acetamidprid 20SP, acefato 75 WSP, imidacloprid 17.8 SL, profenofos 50 EC, resultando em níveis de infestação de 12.42, 14.25, 15.36 e 15.70%, respetivamente, comparados com a parcela de controlo (44.26%). O custo de aplicação do acefato foi o mais baixo (Rs. 1014 para 3 pulverizações), seguido pelo imidaclopride (Rs. 1149). A relação custo/benefício mais elevada também foi registada com o acefato (1:5,58), seguido do imidaclopride (1:4,63).

Sahoo e Pal (2003) realizaram uma investigação em Bengala Ocidental durante o verão de 2001 para investigar o uso alternativo de carbosulfan 25 EC a 0,05%, clorpirifos 20 EC a 0,05% e azadiractina 0,15% w/w a 0,00045% no controlo da broca do fruto (*E. vittella*) infestando o quiabeiro e revelou que a pulverização de carbosulfan em intervalos de 15 dias mostrou o menor dano aos frutos (2,75-12,91%) e o maior rendimento de frutos (100,92 q/ha), seguido por 2 pulverizações de carbosulfan alternadas com clorpirifós (2,72-16,46% e 84,81 q/ha), e 2 pulverizações de carbosulfan alternadas com azaditrachtin (2,60-20,18% e 84,81 q/ha).

A eficácia de uma nova formulação de benzoato de emamectina, derivada dos metabolitos secundários de um fungo, foi estudada sobre a broca do fruto e do rebento do quiabeiro por Sontakke *et al.* (2007), que referiram que o benzoato de emamectina 5% SG a 8,5 g a.i. /ha foi considerado eficaz no controlo das brocas sem apresentar qualquer efeito fitotóxico nas plantas e efeito prejudicial nos inimigos naturais.

Comparação da bioeficácia de novos insecticidas, como o tiametoxame 25 WG a 25 g/ha, o benzoato de emamectina 5 SG a 8,5 g/ha, o flufenoxurão 10 DC a 40 g/ha, o espinosade 45 SC a 50 g/ha, o indoxacarbe 14.5 SC a 50 g/ha e fipronil 5 SC a 50 g/ha, juntamente com insecticidas convencionais, ou seja, profenofos 50 EC a 750 g/ha e endossulfão 35 SC a 420 g/ha, contra a broca do quiabeiro e dos frutos (*Earias* spp.) e o seu impacto sobre os inimigos naturais, Hirekurubar e Ambekar (2008) observaram que o indoxacarb foi o tratamento mais eficaz na redução dos danos causados pela broca do quiabeiro e pela broca do fruto em 5,14 e 4,16% dos danos em número e em peso, respetivamente, o que se reflectiu num rendimento de 50,96 q/ha e num rendimento adicional máximo de 53 028 Rs/ha.

Avaliando a eficácia de diferentes insecticidas mais recentes contra *E. vittella* em Parbhani, Gosalwad e Kawathekar (2009) referiram que a infestação mínima de frutos foi observada com a aplicação de spinosad 45% SC a 30 g a.i. /ha (5,56%), seguida do tratamento com abamectina 1,9% EC a 30 g a.i./ha (7,25%). O efeito dos diferentes tratamentos na produção de frutos comercializáveis de quiabo revelou que a produção registada com fipronil a 30 g a.i. /ha, spinosad a 30 g a.i. /ha foi significativamente superior ao resto dos tratamentos insecticidas.

Um estudo de campo realizado em Bengala Ocidental para determinar a eficácia de insecticidas para a gestão de *E. vittella* no quiabeiro com benzoato de emamectina, lufenurão, spinosade, indoxacarbe, metoxifenozida e uma testemunha não tratada revelou que todos os insecticidas testados foram significativamente eficazes em relação à testemunha não tratada. Entre eles, o benzoato de emamectina registou a infestação mais baixa de rebentos, a par do spinosad. Seguiram-se o indoxacarbe, o lufenurão e a metoxifenozida. Entre os produtos químicos, o spinosad apresentou a menor infestação nos frutos aos 7th e 14th dias após a pulverização, seguido de perto pelo benzoato de emamectina. Os dois produtos químicos IGR, ou seja, lufenuron e metoxifenozida, também foram muito eficazes (Patra *et al.*, 2009).

Entre as novas moléculas insecticidas, o rynaxypyr 20 SC a 30 g a.i. /ha e o rynaxypyr 20 SC a 20 g a.i. /ha foram superiores no registo de menos populações larvares da broca do fruto e do rebento do quiabeiro, *E. vitella,* com menores danos nos frutos (7,80 e 10,51%) e maior produção de frutos (11,60 e 10,89 t/ha), seguidos de spinosad a 56 g.a.i. /ha, benzoato de emamectina a 15 g.a.i. /ha e flubendiamida a 45 g.a.i. /ha. (Chowdary *et al.*, 2010).

Dhanalakshmi e Mallapur (2010) realizaram investigações durante a *kharif* 2005-06 em Dharwad para avaliar as novas moléculas contra a broca do fruto do quiabeiro e relataram que o benzoato de emamectina 5 SG a 0,2 g/l foi o tratamento mais superior, registando o menor dano percentual do fruto (7,82%) e resultando no maior rendimento de frutos bons (47,02 q/ha). Os tratamentos eficazes seguintes incluíram spinosad 45 SC a 0,1 ml/l (9,19% de danos com 45,94 q/ha de rendimento) e indoxacarb 14,5 SC a 0,3 ml/l (10,74% de danos com 43,03 q/ha de rendimento). Os rendimentos líquidos máximos foram obtidos com banzoato de emamectina (Rs.10, 586/ha) e spinosad (Rs.10, 188/ha).

Broca da vagem da grama (*Helicoverpa armigera*):

A eficácia no terreno do spinosad (Ghosh *et al.*, 2011) e do benzoato de emamectina (Govindan *et al.*, 2012) contra *Helicoverpa armigera* no quiabeiro foi avaliada, tendo ambos os insecticidas sido superiores aos controlos padrão.

Rolo das folhas (*Sylepta derogata*):

Misra *et al.* (2002) referiram que a aplicação de cipermetrina, profenofos e profenofos + cipermetrina permitia obter um controlo significativamente melhor da broca do fruto e do rolo de folhas. A cipermetrina, o profenofos, o profenofos + cipermetrina e a azadiractina revelaram-se significativamente eficazes no controlo do rolo de folhas, com uma percentagem de infestação do rolo de folhas mínima (1,2-2,0%) em comparação com a testemunha (12,4%).

Para controlar a praga secundária *Sylepta derogata* [*Haritalodes derogata*] no algodão Bt transgénico no campo, a eficácia de cinco insecticidas diferentes (*Bacillus thuringiensis*, flufenoxurão, diclorvos, cipermetrina e abamectina) foi avaliada por Hui *et al.* (2008) utilizando as técnicas da tabela de vida. O bioinseticida abamectina proporcionou o melhor controlo de *S. derogata*, ao passo que a cipermetrina se revelou o menos eficaz.

A eficácia do metomil contra o enrolamento das folhas do algodão foi investigada por Chakraborty e Pahari (2002).

2.6 Avaliação de diferentes combinações de tratamentos (IPM) contra insectos pragas do quiabeiro: A gestão integrada de pragas parece ser a única opção viável para gerir futuros problemas de insectos pragas como parte de uma tecnologia holística de produção de culturas. Combina o cuidado e a preocupação com os recursos naturais e a utilização de métodos modernos para produzir alimentos mais seguros e saudáveis. Este sistema representa um caminho lógico entre os extremos dos agro-ecossistemas ultra-intensivos e a agricultura biológica de baixo rendimento (Dhaliwal e Arora, 2003).

Praveen e Dhandapani (2001), em experiências de campo com quiabeiro em Coimbatore (Tamil Nadu), verificaram que 3 libertações do predador *C. carnea* (25.000 larvas ha-1 libertadas-1) + econeem 0,3 por cento (0,5l ha-1) com 15 dias de intervalo foram eficazes na redução da população de *A. biguttula biguttula*, *B. tabaci*, *A. gossypii*, *H. armigera* e *E. vittella* no quiabeiro. Além disso, a produção de frutos (10326 kg ha-1) e a relação custo/benefício (1:2,60) também foram maiores quando *C. carnea* e Econeem foram integrados em comparação com os tratamentos individuais.

Kaur (2002) relatou em Ludhiana (Punjab) que a lesão foliar do quiabeiro devido à infestação de jassídeos foi menor com o tratamento de sementes com imidaclopride (5g kg-1) + pulverizações foliares com monocrotofos (500g a.i. ha-1) + cipermetrina (15g a.i. ha-1). Em Udayagiri (Orissa), foi detectada a menor incidência de broca de frutos devido a *E. vittella* (8,6% com base no peso) quando biotex (*Bt* sub sp. *thuringiensis* serotype) a 1 kg ha-1 foi aplicado duas vezes na cultura do quiabo e alternado com uma aplicação de malatião a 0,5 kg a.i.ha-1 (Mishra e Mishra, 2002). Estes trabalhadores também relataram que o mutineem (óleo de neem) a 2,5 l ha-1 ou neemax (NSKE) a 1,0 kg ha-1 combinado com a aplicação de malathion (0,5 kg a.i.ha-1) reduziu a incidência da broca do fruto (11,7-13,3 %), em comparação com o controlo não tratado (16,9%). Além disso, eles revelaram que a população de pulgões permaneceu muito baixa (50,7/ 3 folhas superiores) no tratamento onde biotox, neemax e mutineem foram aplicados uma vez em sucessão, o que foi estatisticamente igual ao tratamento onde mutineem foi aplicado entre 2 aplicações de malathion.

O tratamento combinado NSKE (2%) + cipermetrina (0,0075%) geriu eficazmente a infestação por brocas de frutos no quiabeiro em Ahmednagar, Maharashtra (Patil *et al.*, 2002). A pulverização de NSKE em combinação com extractos metanólicos de sweet flag (*Acorus calamus* L.) e pungum (*Pongamia glabra* Vent) à taxa de 0,42% registou a maior mortalidade de cigarrinhas no quiabeiro, em comparação com NSKE sozinho, em Madurai, Tamil Nadu (Rao e Rajendran, 2002). Sahoo e Pal (2003) revelaram que 2 pulverizações de carbofurano alternadas com pulverização de azadiractina reduziram consideravelmente os danos causados por *E. vittella* nos frutos do quiabeiro em Mohanpur (Bengala Ocidental).

A aplicação de endosulfan (0,07%) seguida de Achook (0,7%) e NSKE (3%) foram eficazes na gestão do jassid do quiabeiro em Faizabad, Uttar Pradesh (Singh e Kumar, 2003). Balakrishnan *et al.* (2004), em ensaios de campo em culturas de quiabo de sequeiro em Coimbatore (Tamil Nadu), indicaram que 2 libertações de *T. chilonis* (1,00,000 ha-1; 40 e 60 dias após a sementeira) com 2 pulverizações de Bt k (1 kg ha-1; 90 e 120 dias após a sementeira) registaram uma menor população média de larvas (0.33/planta) de *H. armigera* e maior rendimento (782 kg ha-1) em comparação com tratamentos combinados de *T. chilonis* com outros insecticidas microbianos viz. *HaNPV* e *B. bassiana*.

Satpathy *et al.* (2004) investigaram em Varanasi (Uttar Pradesh) que o tratamento de sementes de quiabo com imidaclopride a 3 g kg-1 e a aplicação subsequente de monocrotofos a 500 g a.i. ha-1 aos 55 e 70 DAS ofereceu proteção máxima contra *A. biguttula biguttula* (0,53 ninfas/planta) durante todo o período de crescimento da cultura.

Endosulfan (0,25 kg a.i. ha-1) e spicturin (Bt k 0,5 L ha-1) pulverizados alternadamente entre 6 da manhã e 4 da tarde quando a infestação por *E. vittella* excedeu o ETL (5,3% wt. basis) i.e. após 92 dias de tratamento do solo com carbofuran (3G) foram considerados mais eficazes na redução da incidência da praga e na maior produção de frutos de quiabo (Gupta e Mishra, 2006). Em experiências de campo conduzidas em Samastipur (Bihar), as combinações de tratamento de *B. thuringiensis* (500g ha-1) com doses mais baixas de endosulfan 35 EC (250g ha-1) e acephtae 75 SP (300g ha-1) registaram uma população mínima de jassídeos, bem como uma população larvar de *E. vittella* no quiabeiro (Mandal *et al.*, 2006a). A aplicação no solo de torta de neem (@ 200kg ha-1) combinada com pulverizações de endosulfan 35 EC (@ 0,5 kg ha-1) ou chlorpyriphos 20 EC (@ 0,5 kg ha-1) foram bastante eficazes na redução da incidência de jassid e broca de rebentos e frutos no quiabeiro em Samastipur, Bihar (Mandal *et al.*, 2006c).

2.7 Toxicidade de insecticidas para inimigos naturais de insectos pragas do quiabeiro:

A toxicidade relativa de alguns biopesticidas *viz*, neemax (extrato de semente de neem) a 1,0 kg/ha e multineem (óleo de neem) a 2,5 L/ha e biotox (*Bacillus thuringiensis)* a 1,0 kg/ha alternado com malatião a 0,5 kg a.i. /ha em diferentes combinações foi avaliada contra os coccinelídeos predadores e aranhas do quiabeiro por Mishra e Mishra (2002) e relatou que os coccinelídeos predadores estavam activos nas plantas tratadas com biopesticida e nas plantas não tratadas, mas a sua população permaneceu extremamente baixa na parcela tratada com malatião.

Acharya *et al.* (2002), ao estudarem a eficácia de novos insecticidas *como o* acetamipride, o tiametoxame, o imidaclopride, o NACLFMOA e a abamectina contra a cigarrinha *A. biguttula biguttula* do quiabeiro, observaram que as novas moléculas avaliadas eram mais seguras para o escaravelho.

Avaliação de vários biopesticidas viz, biodart (*Bacillus thuringiensis* sub sp. kurstaki), kalichkra (*Metarhizium anisopliae*), ozoneem, spinosad, daman (*Beauveria bassiana*), cartap hydrochloride e um controlo não tratado contra joaninhas em Orissa durante 2006-07 por Misra e Priya (2007) e observaram que spinosad e cartap hydrochloride registaram significativamente o número mais baixo de joaninhas por planta até 5 dias após a pulverização (DAS). Aos 10 DAS, todos os biopesticidas avaliados registaram populações de joaninhas que eram iguais às da testemunha não tratada.

Solangi e Lohar (2007) realizaram uma experiência de campo para estudar a eficácia relativa do confidor (imidaclopride), do sundafos, do polo (diafentiurão) e do mospilan no Paquistão sobre os predadores de pragas do quiabeiro, ou seja, escaravelhos coccinelídeos, aranhas e formigas, e indicaram que todos os insecticidas eram prejudiciais para os escaravelhos, mas o confidor revelou-se melhor do que os outros insecticidas porque a população de predadores era menor para os escaravelhos, aranhas e formigas. Os autores relataram que todos os insecticidas eram prejudiciais para os escaravelhos, mas o confidor revelou-se melhor do que os outros insecticidas porque a população de predadores foi menos afetada pela aplicação do confidor do que pelo sundaphos, polo e mospilan.

Sontakke *et al.* (2007) referiram que o benzoato de emamectina 5% SG a 8,5 g a.i. /ha foi considerado eficaz no controlo da broca do fruto e do rebento sem apresentar qualquer efeito fitotóxico nas plantas e efeito prejudicial nos inimigos naturais.

Novos insecticidas como o tiametoxame 25 WG a 25 g/ha, o benzoato de emamectina 5 SG a 8,5 g/ha, o flufenoxurão 10 DC a 40 g/ha, o espinosade 45 SC a 50 g/ha, o indoxacarbe 14,5 SC a 50 g/ha e o fipronil 5 SC a 50 g/ha, juntamente com insecticidas convencionais como o profenofos 50 EC a 750 g/ha e o endossulfão 35 SC a 420 g/ha, foram avaliados quanto ao seu impacto nos inimigos naturais, ou seja, coccinelídeos e larvas de Chrysoperla carnea.O endossulfão, o benzoato de emamectina e o spinosade registaram uma população mais elevada de coccinelídeos e de larvas *de Chrysoperla carnea, tendo sido* considerados insecticidas mais seguros (Hirekurubar e Ambekar, 2008).

Nemade *et al.* (2009) observaram que a pulverização foliar de endossulfão era segura para os inimigos naturais de *E. vittella* no quiabeiro, enquanto o fenvalerato foi considerado mais tóxico. A pulverização foliar de imidaclopride foi considerada mais segura para as aranhas, mas revelou-se menos segura para outros inimigos naturais.

A segurança do acetamipride, do imidaclopride, do dimetoato, da abamectina, do espinosade, do fipronil e do endossulfão para os predadores de pragas sugadoras, como a joaninha e a asa de renda verde, foi avaliada por Gosalwad e Wadnerkar (2009), que concluíram que o fipronil a 11,25 g a.i. /ha registou a população máxima de predadores e, por conseguinte, foi considerado o mais seguro para *Coccinella* e *Chrysoperla* spp, seguido pelo acetamipride a 15 g a.i. /ha. Entre os tratamentos com abamectina, spinosade, fipronil e endossulfão aplicados contra a broca do quiabeiro, o endossulfão foi considerado o mais seguro para os predadores, seguido da abamectina a 11,25 g a.i. /ha e do spinosade a 11,25 g a.i. /ha.

Dhanalakshmi e Mallapur (2010) revelaram que, entre as diferentes novas moléculas, o benzoato de emamectina, o spinosade e o acetamipride se revelaram bastante seguros para os inimigos naturais. O imidaclopride 200SL a 0,5 ml/l, a fenazaquina 10EC a 1,0 ml/l e o oxidemetão-metilo 25EC a 1,5 ml/l foram ligeiramente tóxicos, enquanto o indoxacarbe foi relativamente mais tóxico.

2.8 Quiabo em associação com feijão de cacho:

Numa experiência de Prabhakar e Srinivas (1989), as combinações de culturas intercalares foram quiabo + rabanete, quiabo + *Vigna unguiculata*, quiabo + *Cyamopsis tetragonoloba*, milho + rabanete, milho + *V. unguiculata* e milho + *C. tetragonoloba*. As 5 culturas também foram cultivadas em estandes puros. Foram calculados os rendimentos líquidos para todas as combinações de culturas, bem como o rácio de rendimentos relativos, o rácio de rendimento equivalente e o rácio de rendimento equivalente ponderado. Concluiu-se que, dos 3 índices estudados, o rácio do rendimento equivalente ponderado foi o melhor índice para avaliar os sistemas de culturas intercalares.

Sharma e Singh (1999) fizeram observações sobre a oviposição da cigarrinha em condições de ausência de escolha em três ocasiões durante o período de pico da incidência da cigarrinha no campo. Nas três ocasiões, a cigarrinha rejeitou a grama verde, a flor de sapato e a árvore portia para a postura dos ovos, indicando assim a não aceitação destas plantas para a oviposição. Para as restantes plantas, o número de ovos por folha diferiu significativamente, incluindo o feijão-de-corda, o gergelim, a ervilha-de-passarinho e o feijão-frade.

Baskaran (2013) relatou que o feijão de cacho, identificado como uma cultura intercalar rentável no ecossistema do quiabo para gerir pragas de lepidópteros (*Earias vittella*, *Helicoverpa armigera*) foi selecionado para estudar o efeito da kairomona na atividade de *Chrysoperla carnea* e *Trichogramma chilonis*. O extrato de acetona das flores de feijão-caupi (1% ou 10 000 ppm) registou a maior parasitagem dos ovos de *E. vittella* (61,3%) por *T. chilonis* no 7th dia após a introdução dos parasitóides, quando comparado com o controlo com acetona (10,3%). O extrato de acetona das flores de feijão-caupi foi altamente eficaz para aumentar a atividade predatória de *C. carnea*, registando 51,2% sobre os ovos de *E. vittella*, 24 horas após a introdução do predador, enquanto que no controlo foi de 12,5%. Da mesma forma, o extrato de acetona das flores de feijão-caupi aumentou a atividade de parasitismo/predação de *T. chilonis* e *C. carnea* nos ovos de *H. armigera*.

MATERIAIS E MÉTODOS

3.1 Local experimental:

A experiência foi realizada na quinta de instrução dos estudantes, Jaguli, e na estação de investigação hortícola, Mondouri, sob Bidhan Chandra Krishi Viswavidyalaya, Nadia, Bengala Ocidental, durante o ano de 2015. Os pormenores geográficos do local são 22° 95' de latitude norte, 88° 53' de longitude leste e 9,75 metros acima do nível médio do mar (NMM). O clima da zona é um clima tropical sub-húmido com uma precipitação média anual de 1607,2 mm.

3.2 Solo:

O solo do sítio experimental era de fertilidade moderada, de textura franco-arenosa e com boa capacidade de retenção de água. O pH do solo é ligeiramente ácido, *ou seja*, 6,5 por natureza.

3.3 Condições climáticas:

As planícies do Ganges de Bengala Ocidental têm condições climáticas diversas. O inverno é curto, ameno e começa geralmente em meados de novembro e em meados de fevereiro. Em geral, a temperatura mínima média normal não ultrapassa os 10 °C em janeiro e a temperatura máxima média não excede os 40 °C em abril e maio. A precipitação anual máxima foi observada durante os meses de junho, julho e agosto e a mínima durante os meses de verão e inverno. A humidade relativa mantém-se tão elevada como 100% durante os meses de monção e tão baixa como 31% durante os meses de inverno. As temperaturas máximas e mínimas mensais rondam os 30 °C e os 20 °C, respetivamente. Os pormenores dos dados meteorológicos semanais durante o período de inquérito (fevereiro-maio de 2015) foram obtidos na estação meteorológica automatizada, Departamento de Agrometeorologia e Física, Bidhan Chandra Krishi Viswavidyalaya, Mohanpur, Nadia, Bengala Ocidental.

Para efeitos de investigação, foram utilizados os seguintes materiais e métodos:

3.4 Materiais:

3.4.1 Materiais de plantação:

1. Para a experiência, a cultivar de quiabo denominada "Shakti" (*Abelmoschus esculentus* (L). Moench; Família - Malvaceae), que é uma cultivar muito comum e popular utilizada pelos agricultores de Bengala Ocidental, foi cultivada juntamente com o feijão de cacho (*Syamopsis tetragonoloba*; Família - Fabaceae), variedade "Varsha". A cápsula é de cor verde-clara a verde, suculenta e muito popular devido à sua tolerância ao vírus do mosaico das veias amarelas. Foi afirmado em muitas referências que o feijão-caupi alberga diferentes inimigos naturais.

2. Noutro local experimental (a 3 km de distância), o quiabo foi cultivado apenas com a mesma cultivar "Shakti".

3.4.2 Pragas alvo:

a. Broca do quiabeiro e dos frutos

b. Jassid de algodão

c. Mosca branca

d. Broca da vagem da grama

e. Rolo de folhas de algodão

3.4.3 Divisão taxonómica das pragas visadas:

Taxonómico Divisão	**Broca do quiabeiro e dos frutos**	**Jassid de algodão**	**Mosca branca**	**Broca da vagem da grama**	**Rolo de folhas de algodão**
Reino Unido	Animália	Animália	Animália	Animália	Animália
Phyllum	Artrópodes	Artrópodes	Artrópodes	Artrópodes	Artrópodes
Classe	Insectos	Insectos	Insectos	Insectos	Insectos
Encomendar	Lepidópteros	Hemípteros	Hemípteros	Lepidópteros	Lepidópteros
Família	Noctuidea	Cicadellidae	Aleyrodidae	Noctuidae	Crambidae
Género	*Orelhas*	*Amrasca*	*Bemisia*	*Helicoverpa*	*Sylepta*
Espécies	*vitela*	*bigutulla biguttula*	*tabaci*	*armigera*	*derrogação*

3.4.4 Detalhes experimentais:

As dimensões experimentais foram as seguintes:

Sítio 1: Quinta de instrução dos estudantes, Jaguli.

O quiabo foi cultivado na presença de feijão de cacho.

Quiabo	**Feijão de cacho**
- Número de variedades: 1	- Número de variedades: 1
- N.º de réplicas: 4	- N.º de réplicas: 4

- Data de sementeira: 05.03.2015	- Data de sementeira: 20.02.2015
- Tamanho da parcela: 3×4 m^2	- Tamanho da parcela: 3×4 m^2
- Espaçamento : 60 cm× 30 cm	- Espaçamento : 40 cm× 20 cm
- Número total de parcelas: 20	- N.º total de parcelas: 16
- Número de parcelas não tratadas: 4	- Número de parcelas não tratadas: 16
- N.º de parcelas tratadas: 16	- N.º de parcelas tratadas: 0
- N.º de plantas/linha: 10	- N.º de plantas/linha: 15
- N.º de plantas/lote: 50	- N.º de plantas/lote: 75

Local 2: Estação de Investigação em Horticultura, Mondouri.

O quiabo foi cultivado na ausência de feijão de cacho.

- N.º de variedades: 1
- N.º de réplicas: 4
- Data de sementeira: 10.03.2015
- Tamanho da parcela: 3×4 m^2
- Espaçamento : 60 cm× 30 cm
- Número total de parcelas: 20
- Número de parcelas não tratadas: 4
- N.º de parcelas tratadas: 16
- N.º de plantas/linha: 10
- N.º de plantas/lote: 50

3.4.5 Nome dos insecticidas, nomes comerciais, estrutura, nome IUPAC, modo de ação e fonte utilizados na presente experiência.

Denominação química	Nome comercial	Estrutura	Nome IUPAC	Modo de ação	Fonte
Imidacloprid e	Confidor	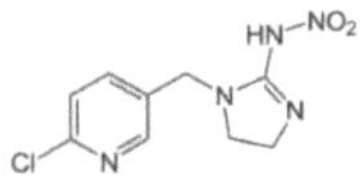	*N-{1*-[(6-Cloro-3-piridil)metil] - 4,5- dihidroimidazol-2-yl}nitramida	Agonistas / antagonistas dos	Bayer Crop Science

				receptores nicotínicos da acetilcolina	, Mumbai
Acetamipride	Manik	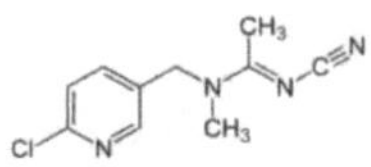	*N*-[(6-cloro-3-piridil)metil] -N′-ciano-N-metilacetamidina	Agonistas / antagonistas dos receptores nicotínicos da acetilcolina	Rallis India Limited, Mumbai
Metomil	Lannate	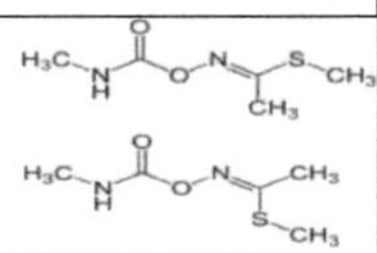	*(E, Z)-N-* {[(metilamino)car bonil]oxy}ethanimi dotioato de metilo	Inibidores da acetilcolina esterase	DuPont, Chennai
Indoxacarbe	Avaunt	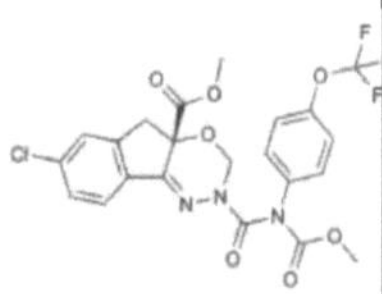	7-Cloro-2,5-di-hidro-2-[[[(metoxicarbonil)[4-(trifluorometoxi)p-henil]amino]carbonilo]indeno[1,2- e][1,3,4]oxadiazina-4a(3 *H)*-carboxilato de metilo	Bloqueadores dos canais de sódio dependentes da voltagem	DuPont, Chennai

Lambda Cialotrina	Karaté	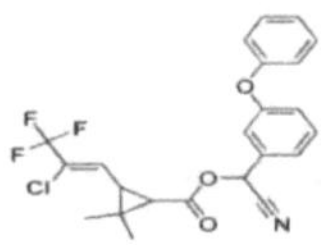	Ciclopropanocarboxilato de 3-(2-cloro-3,3,3-trifluoro-1-propenilo)-2,2- dimetil-ciano(3 -fenoxifenil)metilo	Moduladores dos canais de sódio	Syngenta, Mumbai
Dinotefurano	Ficha	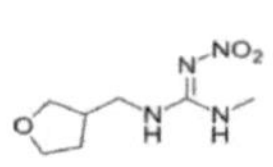	2-metil-1 -nitro-3-[(tetrahidro-3- furanil) metil] guanidina	Agonistas / antagonistas dos receptores nicotínicos da acetilcolina	Indofil Industries Limited, Mumbai

Flonicamida	Ulala	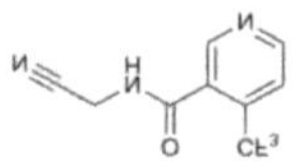	*N* -cianometil-4-(trifluorometil) nicotinamida	Bloqueador seletivo da alimentação de homópteros (Modulador do órgão cordonal)	United Phosphorus Limited, Mumbai
Flubendiamida	Fama	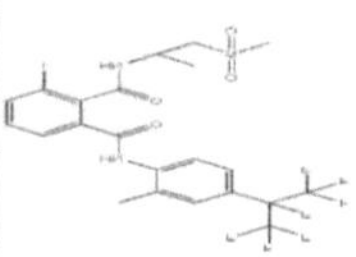	3 -iodo-N' -(2-mesil- 1,1 -dimetiletil)-N-{4-[1,2,2,2- tetrafluoro-1-trifluorometil)etilo] -o-tolil} ftalamida	Moduladores dos receptores de rianodina	Bayer Crop Science, Mumbai
Clorfluazurão	Atabron	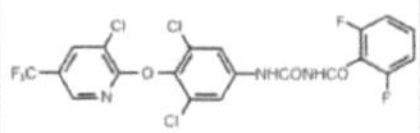	1-[3,5-dicloro-4- (3-cloro-5- trifluorometil-2-piridiloxi)fenil] - 3-(2,6- difluorobenzoil)ure a	Regulador de crescimento de insectos	Ishihara Sangyo Kaisha Limited, Japão

Benzoato de emamectina	Proclama r	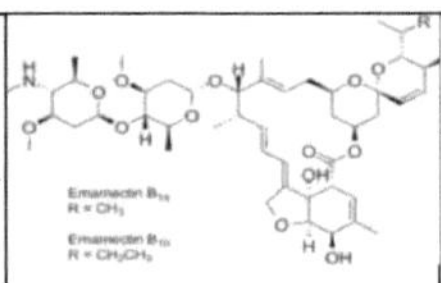	4"-Deoxi-4"-epi-metilaminoavermelho ctin B1 ; Epimetilamino- 4"-deoxiavermectina	Activadores dos canais de cloreto	Syngenta , Mumbai
Acefato	Asataf	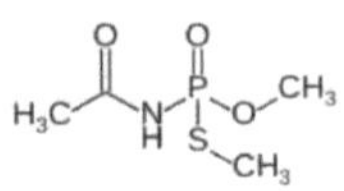	*N*-(Metoxi-metilsulfanilfosforil)acetamid a	Inibidores da acetilcolina esterase	Rallis India Limited, Mumbai
Tiametoxam e	Ektara	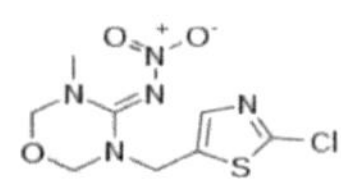	3-[(2-Cloro-1,3-tiazol-5-il)metil]-*5-metil-Nnitro-*1,3,5-oxadiazinan- 4-imina	Agonistas / antagonistas dos receptores nicotínicos da acetilcolina	Syngenta , Mumbai

Clorpirifos + Cipermetrina	Hamla	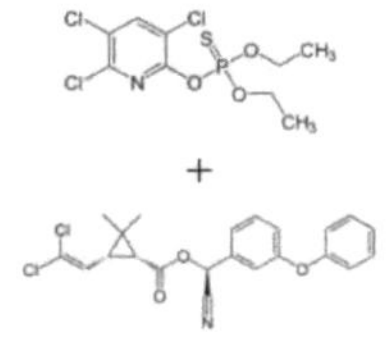	Fosforotioato de *O*, *O* - Dietilo *O* - 3,5,6-tricloropiridina-2-ilo + Fosforotioato de [Ciano-(3-fenoxifenil)metil]3-(2,2-dicloroetenil)- 2,2-dimetilciclopropa ne-1-carboxilato	Inibidores da acetilcolina esterase + Moduladores dos canais de sódio	Crop Life Science Limited, Gujarat
Azadiractina	Neemazal T/S	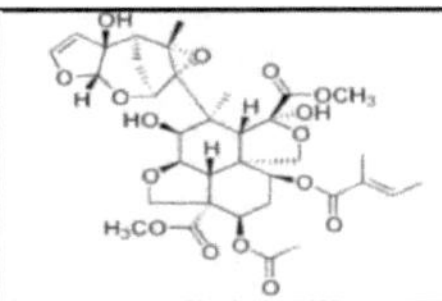	-	A proteína alvo responsável pela atividade biológica é desconhecida ou não caracterizada.	E.I.D. Parry India Limited, Chennai
Óleo de neem 3%	Neemate	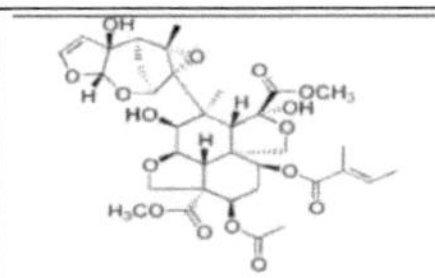	-	A proteína alvo responsável pela atividade biológica é desconhecida ou não caracterizada.	Afield Crop Care, Rajkot
Óleo de karanja	*Karanja tel*	-	-	Dissuasor da alimentação.	Ozone Biotech, Hariyana
Bacillus thuringiensis (Bt)	Dipel	-	-	Desreguladores microbianos das membranas do intestino médio dos insectos (inclui culturas transgénicas que expressam toxinas de Bacillus thuringiensis)	Valent Biosciences Corporation, Mumbai

3.4.6 Outros materiais:

Foi utilizado um pulverizador a pilhas (16 litros) equipado com um bico de cone oco com campânula

(V-Dyut Delux, Code: VBD09/TPHB4/SS/WOB, ASPEE Sprayers and Farm Mechanised Equipment, Mumbai, 440 064, Índia) foi utilizado para pulverizar 500 litros de água/ha. com pH neutro.

3.5 Métodos:

3.5.1 Época de experimentação:

A presente experiência foi realizada entre fevereiro e maio de 2015.

3.5.2 Esquema da experiência:

O experimento foi conduzido em um delineamento em blocos casualizados (DBR) com quatro repetições e 5 tratamentos.

3.5.3 Preparação do terreno:

Os campos experimentais foram cuidadosamente lavrados com a ajuda de um trator um mês antes da sementeira, seguindo-se três lavouras cruzadas com um motocultivador. O solo é então pulverizado e nivelado corretamente com a ajuda de uma escada. Mais tarde, todo o campo foi dividido no número necessário de parcelas padrão, cada uma com uma área de 4 x 3 metros quadrados.

3.5.4 Estrume e aplicação de fertilizantes:

Os fertilizantes foram aplicados a 80:50:50 kg/ha de NPK sob a forma de ureia, superfosfato simples e muriato de potássio. A dose total de fosfatos e potássio e a dose dois-quartos de azoto foram aplicadas uniformemente em todas as parcelas como dose basal no dia da última gradagem do campo. A quantidade restante de azoto foi dividida em duas metades e aplicada em adubações laterais após um mês de plantação e no início da fase de frutificação.

3.5.5 Semeadura de sementes:

As sementes foram semeadas em 20.02.2015, com espaçamento de 60 cm. (R-R) e 30 cm (P-P) com as agro-técnicas recomendadas. O tratamento das sementes foi feito com mistura fungicida (Mancozeb + Carbendazim) durante seis horas à noite e a sementeira foi feita na manhã seguinte. As sementes foram cuidadosamente semeadas numa linha em cada parcela, utilizando um saca-rolhas manual.

3.5.6 Irrigação e operações interculturais:

A irrigação foi efectuada imediatamente após a sementeira das sementes e a irrigação subsequente foi feita sempre que necessário. A monda, a sacha e o aterramento foram efectuados manualmente, sempre que necessário. Não foram aplicados herbicidas químicos durante o período experimental.

3.5.7 Colheita:

A colheita foi efectuada 40-45 dias após a sementeira, dobrando o pedicelo com um puxão ou com a ajuda de uma tesoura, em dias alternados, de manhã.

3.5.8 Registo de dados meteorológicos:

Os dados meteorológicos relativos a diferentes factores abióticos, nomeadamente a temperatura (máxima e mínima em °C), a humidade relativa (máxima e mínima em %), a precipitação total (em mm), a velocidade do vento (Km/h) e as horas de sol brilhante (h) durante o período de inquérito foram recolhidos na estação meteorológica automatizada do Departamento de Agrometeorologia e Física, Bidhan Chandra Krishi Viswavidyalaya, situada em Jaguli, Nadia, Bengala Ocidental.

3.5.9 Estudos de incidência:

Foram feitas observações a intervalos semanais durante o crescimento da cultura (em dez parcelas separadas mantidas sem tratamento a 60 m de distância) sobre o número de jassídeos (n.º /3 folhas), mosca branca (n.º /3 folhas), broca do rebento e do fruto (n.º de rebentos perfurados/planta), broca da vagem da grama (n.º de larvas/planta), rolo da folha (n.º de larvas/planta) e predadores (predadores coccinelídeos viz. de larvas/planta) e predadores (predadores coccinelídeos viz. *Coccinella septempunctata*, *Coccinella transversalis*, *Cheilomenes sexmaculata*, *Micraspis discolor* e aranhas viz. *Oxyopes sp.* e *Argiope sp.*) (nº de adultos/planta) de dez plantas seleccionadas ao acaso em cada parcela. Em cada planta, foram considerados três pneus diferentes, *ou seja,* folhas superiores, intermédias e inferiores, para efetuar as observações. Assim, foram registadas observações de 30 folhas de cada parcela.

3.5.10 Módulos e contagem de pragas:

As seguintes combinações de tratamentos foram consideradas como módulos diferentes.

Módulo I (Bio-intensivo):

Aplicação de bagaço de nim na preparação final da terra e 3 semanas após a sementeira (WAS) @ 240 kg/ha, óleo de nim 0,3% @ 2,5 ml/l (6 WAS), *Bacillus thuringiensis* @ 2 g/l (8 WAS), óleo de karanja @ 2 ml/l (10 WAS).

Módulo II (Convencional):

Acefato 75 SP @ 0,75 g/l (3 WAS), tiametoxame 25 WG @ 0,3 g/l (5 WAS), clorpirifos + cipermetrina 16% + 5% CE @ 1 ml/l (6 WAS), flubendiamida 35,39 SC @ 0,3 ml/l (8 WAS), clorpirifos + cipermetrina 16% + 5% CE @ 1 ml/l (10 WAS).

Módulo III (Proposta):

Bolo de neem na preparação final da terra @ 240 kg/ha, flonicamid 50 WG @ 0,4 g/l (3 WAS), neemazol TS 5% @ 2 ml/l (4 WAS), dinotefuran 20 SG @ 0,3 g/l (5 WAS), flubendiamide 35,39 SC

@ 0,3 ml/l (6 WAS), chlorfluazuron 5,4 EC @ 1 ml/l (8 WAS), emamectin benzoate 5 SG @ 0,5 g/l (10 WAS).

Módulo IV (Adaptável):

Imidaclopride 17,8 SL @ 0,3 ml/l (3 WAS), neemazol TS 5% @ 2 ml/l (4 WAS), acetamipride 20 SP @ 0,3 g/l (5 WAS), metomil 40 SP @ 1 ml/l (6 WAS), indoxacarbe 14,5 SC @ 0,75 ml/l (8 WAS), lambda-cialotrina 5 EC @ 0,75 ml/l (10 WAS).

Foram feitas observações sobre o número de cigarrinhas (n.º/folha, mosca branca ((n.º/folha), broca do rebento e do fruto (n.º de rebentos entediados/planta), rolo da folha (n.º de larvas/planta), broca da vagem da grama (n.º de larvas/planta) e inimigos naturais (n.º de adultos/planta) em dez plantas seleccionadas ao acaso. Em cada planta selecionada, três folhas, isto é, da copa superior, média e inferior, foram consideradas como níveis diferentes para observação. O número total e o peso dos frutos, bem como os saudáveis e os infestados pela broca, foram registados em cada colheita para calcular a percentagem de danos. As observações foram efectuadas semanalmente, a partir da 4ª semana após a sementeira (WAS), e foram efectuadas 9 observações ao longo de toda a época de cultivo.

3.5.11 Produção de frutos e economia do quiabo:

Em cada colheita, o peso dos frutos foi registado com base no peso líquido da parcela, que foi calculado com base no hectare e depois submetido a uma análise estatística. Os rendimentos brutos foram calculados multiplicando o rendimento total pelo preço de mercado do produto. O custo de cultivo e o custo da imposição de tratamento foram deduzidos dos rendimentos brutos, para se obterem os rendimentos líquidos. Também se calculou o aumento percentual do rendimento em relação ao controlo, com base em diferentes tratamentos.

3.5.12 Interpretação estatística:

A percentagem de redução da população de pragas em relação ao controlo não tratado foi avaliada através da fórmula de Henderson e Tilton (1955).

$$\text{Percent reduction} = 1 - \left(\frac{\text{Ta} \times \text{Cb}}{\text{Tb} \times \text{Ca}}\right) \times 100$$

Onde,

Ta = População nas plantas tratadas após o tratamento

Cb = População nas plantas tratadas antes do tratamento

Tb = População nas parcelas de controlo após o tratamento

C_a = População nas parcelas de controlo antes do tratamento

Os dados sobre a população de pragas e o rendimento foram submetidos a uma análise de variância após RBD, utilizando o software SPSS (versão 18.0: Inc., Chicago, IL, EUA), depois de efetuar as transformações necessárias (transformação da raiz quadrada e/ou transformação angular) sempre que necessário. A diferença crítica (DC) também foi calculada multiplicando o valor "t" de Student pelo erro padrão da média para avaliar a importância de qualquer tratamento em relação ao controlo não tratado.

RESULTADOS E DISCUSSÃO

Os resultados registados a partir de diferentes conjuntos de experiências a estudar:

a) a abundância/prevalência sazonal de pragas de lepidópteros e hemípteros

do quiabo e a influência dos parâmetros climáticos,

b) possibilidades de diferentes módulos para um melhor desempenho do quiabo e

c) prevalência de inimigos naturais

durante os meses de fevereiro a maio de 2015, na Jaguli Instructional Farm and Horticulture Research Station, Mondouri, sob B.C.K.V, Mohanpur, Nadia, W.B., foi apresentado e discutido nos parágrafos seguintes.

3.1 Descrição dos estádios dos insectos:

3.1.1 Jassídeos: *Amrasca biguttula biguttula*

Ovo: Os ovos são curvos, alongados e de cor branco-amarelada, e estão profundamente inseridos nas nervuras centrais das grandes veias da superfície inferior das folhas.

Ninfas: As ninfas são achatadas, de cor verde-amarelada pálida, com uma forma caraterística de se moverem na diagonal em relação ao seu corpo, e permanecem confinadas à superfície inferior das folhas durante o dia.

Adultos: Os adultos têm cerca de 3,5 mm de comprimento. São alongados e em forma de cunha com corpo verde pálido. As asas anteriores e o vértice têm manchas pretas. Os adultos são muito activos com movimentos laterais mas rápidos a saltar (daí serem designados por saltadores de folhas) e voam quando perturbados.

Natureza dos danos: Tanto as ninfas como os adultos sugam a seiva da planta e introduzem toxinas salivares que prejudicam a fotossíntese na proporção normal da quantidade de alimentação. As ninfas de 1st e 2nd instares alimentam-se perto das bases das nervuras das folhas, os instares posteriores distribuem-se por todas as folhas mas alimentam-se principalmente na superfície inferior das folhas. Observa-se a formação de copas nas folhas no pico do seu ataque. Também segrega as secreções tóxicas que são transmitidas juntamente com a saliva e o metabolismo da planta sofre um choque maior devido à presença deste inseto praga em particular.

Sintomas: As folhas afectadas enrolam-se para baixo; tornam-se amareladas e depois acastanhadas antes de secarem e caírem. Uma incidência severa leva ao atrofiamento das plantas jovens e resulta em lesões do tipo "queimadura da tremonha". A capacidade de frutificação das plantas infestadas é significativamente afetada e, em muitos casos, uma forte infestação em plantas jovens provoca a morte das plantas. Uma incidência severa durante a estação tardia leva a uma redução dos rendimentos. Os adultos alados saltam ou voam à mais pequena perturbação e são também atraídos pela luz durante a noite. A fêmea deposita cerca de 15 ovos amarelados na superfície inferior das folhas, incorporando-os nas nervuras das folhas. Os ovos eclodem em 4-11 dias e dão origem a ninfas em forma de cunha, que são muito ágeis. Sugam a seiva celular da face inferior das folhas e passam por seis fases de crescimento em 7-21 dias. Quando se transformam em adultos alados, vivem durante 5 a 7 semanas, alimentando-se constantemente do sumo da planta. A praga reproduz-se ao longo de todo o ano, exceto durante os meses de inverno, em que só se encontram adultos em plantas como a batata, a couve-galega, o tomate, etc. Na primavera, o jassid do algodão migra para o quiabo e começa a reproduzir-se. A praga completa sete gerações num ano.

3.1.2 Broca do rebento e do fruto (*Earias vitella*):

Identificação de personagens:

As traças *E.vittella* medem cerca de 2,5 cm nas asas e têm uma estreita faixa verde longitudinal clara no meio da asa anterior. As lagartas adultas, de cor verde-escura, medem 2 cm de comprimento, têm pequenas cerdas robustas e uma série de manchas pretas longitudinais no corpo.

E. insulana* vs *E. vitella:

1. Em *E. insulana*, a cor da cabeça, do tórax e da asa anterior varia do verde prateado ao amarelo palha; a franja distal da asa é da mesma cor.

2. Existem três linhas transversais distintas de tonalidade mais escura e, por vezes, vestígios da quarta linha.

3. As formas verdes são comuns durante o verão, enquanto as formas amarelas/castanhas ocorrem no final da estação.

Considerando que, *E. vittella*,

1. As traças são distintamente brancas ou cor de pêssego com uma cunha verde central que vai da extremidade proximal à extremidade distal da asa anterior.

2. A larva adulta mede cerca de 1,3-1,8 cm de comprimento, é robusta e fusiforme, com várias cerdas longas em cada segmento.

3. Os dois últimos segmentos torácicos e todos os segmentos abdominais apresentam dois pares de tubérculos carnudos, um dorsal e outro lateral.

4. A larva é castanha clara; tingida de cinzento a verde, pálida ao longo da linha dorsal média com manchas escuras na base dos tubérculos dos segmentos torácicos.

A larva de *E. insulana* é geralmente mais clara, sendo o padrão mais cinzento e amarelo do que castanho e laranja escuro. Em *E. vittella,* os tubérculos das larvas são muito menos proeminentes, especialmente no abdómen.

Por conseguinte, a atual praga da broca em questão é a *Earias vitella.*

Natureza dos danos: As larvas neonatas causam danos no gomo terminal dos rebentos vegetativos e canalizam para baixo ou para os nós auxiliares durante as primeiras fases de crescimento da cultura. Se o ponto de crescimento do caule principal for afetado, todo o ápice do caule principal entra em colapso. Se apenas o botão apical for danificado, o caule principal fica retorcido devido ao crescimento de botões florais auxiliares. Quando os botões florais são atacados, a abertura do túnel é bloqueada por excrementos. O túnel nos frutos é muitas vezes feito a partir de baixo, em ângulo com o pedúnculo. As larvas não limitam a sua alimentação a um único fruto completo, pelo que os danos são desproporcionados em relação ao seu número. Os frutos danificados sucumbem frequentemente a infecções secundárias por agentes patogénicos bacterianos e fúngicos.

Sintomas: Os rebentos terminais secam e murcham quando as larvas penetram nas plantas em pré-floração. Os rebentos, quando abertos, mostram canais descendentes com ou sem larvas. Observam-se orifícios de alimentação nos botões florais e nos pequenos frutos, com ou sem larvas, mas bloqueados por excrementos. É frequente o aparecimento de botões de flores e a sua queda, bem como a queda ou abertura prematura dos frutos atacados.

1.1.3 Mosca branca (*Bemisia tabaci*):

Identificação: Na fase alada, têm 1-1,5 mm de comprimento e os seus corpos amarelados estão ligeiramente polvilhados com um pó ceroso branco. Têm dois pares de asas brancas puras e asas posteriores longas e proeminentes.

Ovos: A fêmea deposita ovos com pedúnculos, isoladamente, na parte inferior das folhas, com uma média de 119 ovos por fêmea.

Natureza dos danos: Os danos são causados tanto pelas ninfas como pelos adultos, que sugam a seiva das folhas. Exsudam orvalho melífero que atrai o bolor fuliginoso. Por conseguinte, em caso de infestação grave, as plantas não só ficam sem semana como o bolor interfere com a fotossíntese normal, o que resulta num crescimento e rendimento fracos. Sabe-se que transmite a doença da limpeza das nervuras do quiabeiro.

1.1.4 Broca da vagem da grama (*Helicoverpa armigera*):

Identificação: A traça é de constituição robusta e de cor castanha amarelada. Há uma mancha escura e uma área escura perto da margem exterior de cada asa anterior. As lagartas quando adultas medem

3,5 cm de comprimento e são esverdeadas com linhas cinzentas castanhas escuras ao longo dos lados do corpo.

Ovo: A fêmea põe os ovos isoladamente nas partes tenras das plantas. Uma única fêmea pode pôr até 741 ovos em quatro dias. Os ovos são amarelo-esverdeados brilhantes e redondos.

Natureza dos danos: A extensão dos danos depende da altura do ataque e da duração relativa da estação de crescimento efectiva. As larvas alimentam-se dos pontos de crescimento, das cápsulas jovens e tenras, dos rebentos, etc. Em caso de ataque grave, até as folhas são comidas.

1.1.5 Rolo de folhas (*Sylepta derogata*):

Identificação: As traças são branco-amareladas com manchas pretas e castanhas na cabeça e no tórax. Medem cerca de 2,8-4,0 cm de envergadura com as asas abertas. As lagartas são cinzentas esverdeadas e medem 2,5-3,0 cm quando adultas.

Ovos: As traças fêmeas põem 200-300 ovos isoladamente na parte inferior das folhas.

Natureza dos danos: As larvas alimentam-se das folhas do quiabeiro. Em caso de infestação grave, a planta pode ficar completamente desfolhada. As larvas jovens alimentam-se da epiderme inferior das folhas, ao passo que as larvas mais velhas percorrem as folhas a partir do bordo em direção à nervura central.

4.2 Incidência sazonal:

A incidência sazonal de diferentes pragas sugadoras e mastigadoras do quiabeiro e dos seus predadores foi investigada durante a primeira quinzena de abril até à primeira quinzena de junho. Os dados gerados durante 4th semanas padrão após a sementeira (WAS), durante o curso da investigação, são apresentados no quadro 1.

Verificou-se que a população da tremonha se desenvolveu durante 4th SW (9,11 ± 6,68) com um aumento gradual até 12th SW (28th maio a 3rd junho) (43,36 ± 15,03). O parâmetro abiótico relativo à temperatura também mostra claramente que o aumento da população de fungos tem influência direta no aumento da temperatura atmosférica. A temperatura média mais elevada (37,37 °C) registou a população mais elevada de cigarrinhas (43,36 ± 14,03).

No caso da mosca branca, foi registada uma tendência semelhante de aumento gradual da população; população mais baixa (0,83 ± 0,47) em 4th SW e população mais alta (3,35 ± 3,70) durante

Quadro 1: Incidência sazonal de pragas mastigadoras e sugadoras do quiabeiro e dos seus predadores durante a época *pré-kharif* de 2015 em Mohanpur, Nadia, Bengala Ocidental (fevereiro a maio).

Semana	População média de pragas sugadoras e mastigadoras/inimigos	Temperatura	Humidade	Precipitaç	Hora	Velocida

normal após a sementeira	naturais ± S.E							(º C)		relativa (RH)		ão (mm)	s de sol (hrs.)	de do vento (km/h)
	Cigarrinha	Moscas brancas	Broca do rebento e do fruto	Broca da vagem da grama	Rolo de folhas	Coccinelídeo	Aranha	Máximo.	Min.	Máximo.	Min.			
4.o (2-8, abril)	9.11±6.68	0.83±0.47	0.00±0.00	0.00±0.00	1.25±0.67	0.48±0.21	0.15±0.14	33.5	22.36	96.29	59.57	1.46	9.0	0.6
5th (9-15, abril)	11.00±8.65	0.84±0.57	0.55±0.15	0.00±0.00	2.50±1.85	0.40±0.27	0.21±0.17	34.04	21.60	94.28	63.42	3.68	7.8	0.4
6th (16-22, abril)	15.00±10.80	1.23±0.91	3.25±1.58	0.00±0.00	3.75±2.47	0.56±0.21	0.30±0.21	34.87	22.57	92.14	58.57	1.00	8.7	0.7
7^{a} (23-29, abril)	20.40±9.71	1.81±1.00	16.15±9.48	2.25±1.47	5.25±3.22	0.64±0.20	0.39±0.20	36.20	22.32	87.85	63.14	0.72	8.4	0.3
8th (30 de abril-6 de maio)	27.01±11.37	2.50±1.31	12.25±7.38	3.50±2.43	5.00±3.48	0.80±0.18	0.47±0.14	31.57	19.75	92.14	73.85	7.14	8.4	1.0
19th (7-13, maio)	28.53±11.32	2.48±0.87	10.15±6.21	5.25±3.32	6.00±2.59	0.80±0.24	0.59±0.24	35.34	21.57	90.57	68.14	0.00	7.8	0.4
10th (14-20, maio)	33.54±13.36	2.83±1.65	10.25±5.29	2.25±2.15	5.75±3.41	0.82±0.31	0.67±0.31	35.00	20.75	92.42	62.28	0.00	6.9	0.5
11st (21-27, maio)	38.27±15.46	2.93±1.65	10.13±8.25	1.75±0.86	2.25±1.75	0.82±0.42	0.69±0.40	35.15	21.38	89.42	65.14	1.97	7.1	0.4
12nd (28 de maio-3 de junho)	43.36±15.03	3.85±1.70	4.25±3.45	0.00±0.00	4.15±2.17	0.93±0.21	0.78±0.30	37.37	27.14	85.14	66.57	0.00	8.9	0.3

12th SW. Aqui também a temperatura (máx.) tem uma profunda influência na acumulação de população de mosca branca, como o fungo da folha.

A incidência da broca do rebento e do fruto foi mais elevada em 7th SW (23rd a 29th abril) com uma população de 16,15 ± 9,48. Aqui, a população mínima foi encontrada em 4th SW com aumento gradual até 6th SW, atingindo o pico durante 7th SW, depois um declínio até 12th SW.

No caso da *Helicoverpa armigera*, a população mais elevada foi registada em 9th SW (5,25 ± 3,32).

A população de rolos de folhas também foi mais elevada (6,00 ± 2,59) durante o mesmo período. Curiosamente, a população de rolos de folhas foi registada logo no início da experiência, ou seja, em 4th SW (1,25 ± 0,67).

A população média de funil de folhas, mosca branca, broca de rebentos e frutos, broca de vagens de grama e rolo de folhas, juntamente com inimigos naturais, isto é, coccinelídeos e aranhas, variou significativamente entre si. A população de coccinelídeos, embora presente no campo em número variável, registou o valor mais elevado durante 12th SW (0,93 ± 0,21), enquanto a população média (0,48 ± 0,21) foi registada durante 4th SW (2nd a 8th abril). É bem sabido que as aranhas são quase predominantes no ecossistema do quiabeiro. O maior número de aranhas foi encontrado em 12th SW (28th março a 3rd junho) (0.78 ± 0.30) com uma população mínima (0.15 ± 0.14) durante 4th SW.

Também foram feitas tentativas para estudar a interação entre as pragas sugadoras e mastigadoras do quiabeiro e os inimigos naturais, por um lado, e os factores abióticos, por outro, através de estudos de correlação seguidos de equações de regressão.

É evidente a partir da tabela 2 que a temperatura (min.) e a humidade relativa (RH) têm uma correlação positiva altamente significativa (0,765 e 0,425 respetivamente) enquanto que as horas de sol exibiram uma correlação negativa mas significativa (- 0,644). No caso da mosca branca, tanto a temperatura (máx. e mín.) como a HR (mín.) tiveram uma correlação muito boa

(0,533, 0,566 e 0,392, respetivamente). Aqui, a equação de regressão desenvolvida foi Y = 14,6 + 0,270 Xi - 0,258 X_2 - 0,273 X_3 + 0,142 X4 - 0,0413 X5 + 0,064 X_6 + 0,415 X_7. No caso do rolo foliar, foi encontrada uma interação significativa no caso da temperatura máxima e mínima (0,465 e 0,592 respetivamente) e o valor Y calculado foi 9,25 + 0,521 X1 - 0,340 X2 - 0,120 X3 + 0,131 X4 - 0,312 X5 - 0,721 X6 + 1,130 X_7. No caso dos coccinelídeos e das aranhas, a temperatura (min.) e a HR (min.) e a precipitação total tiveram uma interação significativa e positiva (0,792, 0,861 e 0,662 respetivamente) enquanto que a hora de sol teve uma interação significativa mas negativa (0,581). Aqui, a Tabela 2: Correlação de pragas mastigadoras e sugadoras e seus predadores de quiabo com diferentes parâmetros abióticos durante a estação *pré-kharif* de 2015 em Mohanpur, Nadia, Bengala Ocidental (fevereiro a maio).

Pragas sugadoras/inimigos naturais	Temperatura (oC)		Humidade relativa (%)		Precipitação (mm)	Horas de sol	Velocidade do vento	R^2	Equação de regressão
	Máximo	Mínimo	Máximo.	Min.					
Cigarrinha	0.267	0.765**	0.425*	0.893**	0.751**	-0.644**	-0.159	89.1%	$Y = 70 - 0,33 X_1 + 1,06 X_2 - 1,52 X_3 + 1,33 X_4 + 1,01 X_5 + 1,48 X_6 - 15,3 X_7$
Mosca branca	0.533**	0.566**	-0.223	0.392*	0.117	-0.083	0.179	54.6%	$Y = 14,6 + 0,270 X_I - 0,258 X_2 - 0,272 X_3 + 0,142 X_4 - 0,0413 X_5 + 0,064 X_6 + 0,415 X_7$
Broca do rebento e do fruto	0.326**	0.671**	-0.153	0.430*	0.108	-0.029	0.096	58.4%	$Y = 12,0 - 0,312 X_I - 0,216 X_2 - 0,313 X_3 + 0,181 X_4 - 0,0503 X_5 + 0,072 X_6 + 0,312 X_7$
Broca da vagem da grama	0.397*	0.612**	-0.016	0.572**	0.214	-0.346	0.085	63.0%	$Y = 13,4 + 0,82 X_I - 1,14 X_2 - 1,86 X_3 + 0,817 X_4 - 0,405 X_5 - 0,560 X_6 + 1,46 X_7$
Rolo de folhas	0.465**	0.592**	-0.128	0.237	0.111	-0.170	0.025	49.5%	$Y = 9,25 + 0,52 X_I - 0,34 X2 - 1,02 X3 + 0,13 X4 - 0,312 X5 - 0,721 X6 + 1,13 X_7$
Coccinelídeos	0.343	0.792**	0.315	0.861**	0.662**	-0.581**	-0.057	83.4%	$Y = 3,98 - 0,0145 X_I + 0,0131 X_2 - 0,0548 X_3 + 0,0304 X_4 + 0,00837 X_5 + 0,0264 X_6 - 0,155 X_7$
Aranhas	0.357	0.701**	0.165	0.737**	0.371*	-0.514**	-0.008	74.3%	$Y = 4,71 + 0,0327 X_I - 0,0396 X_2 - 0,0684 X_3 + 0,0351 X_4 - 0,0161 X_5 - 0,0279 X_6 - 0,011 X_7$

** A correlação é significativa a 0,01%, * A correlação é significativa a 0,05%

A equação de regressão foi Y = 3,98 - 0,0145X1 + O.Oi3iX2 - 0,0548Xβ + 0,0304 X4 + 0,0837 X5 +

0,025 X6 - 0,155 X7. Do mesmo modo, a equação de regressão no caso da aranha foi Y = 4,71 + 0,032X1 - 0,0796X2 - 0,0684X3 + 0,0351 X4 - 0,0161 X5 - 0,0279 X6 - 0,011 X7.

O trabalho acima referido pode ser comparado com o trabalho de Gogoi e Dutta (2000), que registaram a população máxima de fungos durante a última semana de maio, onde a temperatura elevada (30-36 °C), seguida de UR (< 80%) e a baixa pluviosidade, juntamente com sol brilhante, favoreceram o desenvolvimento da população de fungos. Assim, estes resultados estão em conformidade com os resultados do presente autor. Da mesma forma, Mondal *et al.* (2006 d) avaliaram o efeito dos parâmetros meteorológicos na incidência da tremonha e descobriram que a população mais elevada foi encontrada com o aumento da temperatura ambiente. Também encontrou uma correlação positiva altamente significativa com a temperatura máxima e mínima. Esta constatação também dá mais apoio à constatação do presente autor. Iqbal *et al.* (2010) concluíram que a precipitação é o fator mais importante que contribui para a flutuação da população de fungos do quiabeiro. Esta afirmação pode estar em paridade com a presente constatação. Além disso, Kumawat *et al.* (2000) observaram que a infestação de mosca branca atingiu o pico durante o período de temperatura máxima, que variou significativamente com a população da praga. Esta afirmação também está em paridade com a constatação do presente autor. Hasan *et al.* (2008) registaram que a população máxima de mosca branca foi observada numa cultura com 60 dias de idade, enquanto que a mais baixa foi observada numa cultura com 30 dias de idade. E a densidade populacional variou entre 3,27-6,25 por folha. Este facto também apoia as conclusões do presente autor.

Ahmed et al. (2000) encontraram um pico de população larvar de *Earias vitella* com uma combinação de temperatura e RH de 29,9 ± 2,9 °C e 84,0 ± 5,1 e uma população mínima durante a 2nd quinzena de maio. Por conseguinte, este resultado também apoia o presente estudo. Naresh *et al.* (2003) estudaram que os danos causados pela broca do fruto no quiabeiro ocorreram em culturas com 3 e 6 semanas de idade e que foram registados dois picos de broca do fruto, um na fase vegetativa e outro na fase reprodutiva. Este facto está em conformidade com as conclusões do presente autor. Sharma *et al.* (2010) registaram uma correlação entre as pragas (broca) e os parâmetros meteorológicos, também corrigida negativamente com a temperatura e a HR, mas não significativa e negativamente correlacionada com a precipitação. Este facto é contrário às conclusões do presente autor. Nath *et al.* (2011) registaram que as larvas de *Sylepta derogata* tinham uma relação positiva e não significativa com a RH, a precipitação e as horas de sol, respetivamente, e uma correlação negativa e não significativa com a temperatura. Este facto também é contrário às conclusões do presente autor. Em contrapartida, em Bengala Ocidental, Ghosh *et al.* (1999) encontraram um pico de população de rolos de folhas durante a 2nd semana de julho na região de *Terai* de Bengala Ocidental, onde a sementeira de quiabos está atrasada em relação à das planícies de Bengala do Sul.

4.3 Eficácia no terreno de diferentes módulos contra insectos pragas do quiabeiro e seus efeitos sobre os inimigos naturais prevalecentes:

O impacto de quatro módulos diferentes, juntamente com o controlo não tratado, foi avaliado contra as pragas mastigadoras e sugadoras do quiabeiro cultivado em associação com o feijão de cacho (guar) e apenas como cultura única, em dois locais diferentes (5 km de distância) durante a estação *pré-kharif* de 2015. Todos os quadros mostram claramente que a incidência da população média de diferentes pragas de insectos foi mais elevada no ecossistema do quiabeiro quando cultivado isoladamente do que no quiabeiro cultivado juntamente com o feijão de cacho.

4.3.1 Tremonha de folhas:

A observação em diferentes semanas após a sementeira (WAS) foi considerada na população média de ninfas e adultos de *Amrasca biguttula biguttula* por folha, numa tentativa de avaliar o impacto de diferentes módulos contra esta praga. Este sugador de seiva é considerado uma praga destrutiva de muitos legumes como o quiabo. Os quadros 3 e 4 representam os dados registados em dois locais diferentes, respetivamente. O resultado da presente investigação durante 2015 (em associação com o feijão de cacho, quadro 3) registou uma população média significativamente elevada de fungos no Módulo-1 (3,96/folha), onde a infestação foi igual à do Módulo-2 (3,85/folha). Curiosamente, a infestação foi significativamente baixa no Módulo-4 (média de 3,56/folha), no entanto, foi mais baixa no Módulo-3 (2,63/folha). A percentagem média de redução da população de fungos em relação ao controlo não tratado foi mais elevada no Módulo-3 (59,97%), seguida do Módulo-4 (45,81%), estatisticamente ao mesmo nível que o Módulo-2 (41,40%).

O resultado da investigação noutro local (na ausência de feijão de cacho) é apresentado no quadro 4. O resultado indicou que se verificou um número significativo, mas menor, da população média de tremonhas no Módulo-4, ao passo que o maior e o menor número de ninfas e adultos foram registados no Módulo-1 e no Módulo-3, respetivamente. A Figura-1 revelou que o número médio da população de tremonhas foi mais elevado em todos os módulos avaliados no quiabeiro na ausência de feijão de cacho do que no cultivado em associação com o feijão de cacho. O controlo sem tratamento encontrou o número médio de fungos

Quadro 3: Desempenho de diferentes módulos contra o jassídeo do algodão, *Amrasca biguttula biguttula*, que infesta o quiabo cultivado juntamente com o feijão de cacho como cultura armadilha durante a estação *pré-kharif* de 2015 (fevereiro a maio).

Tratamentos	Número de jassídeos (ninfas e adultos) por folha																												
	4 WAS			5 LAVAGEM			6 WAS			7 WAS			8 WAS			9 WAS			10 WAS			11 WAS			12 WAS			Média global	% média de redução
	UC	MC	LC	UC	MC	LC	UC	MC	LC	UC	MC	LC	UC	MC	LC	UC	MC	LC	UC	MC	LC	UC	MC	LC	UC	MC	LC		

																												em relação à UTC
MÓDULO 1	3.77 (1.94)*	2.73 (1.65)	1.07 (1.03)	4.93 (2.22)	2.87 (1.69)	1.13 (1.06)	6.40 (2.53)	2.50 (1.58)	1.77 (1.33)	7.90 (2.81)	4.30 (2.07)	2.00 (1.41)	10.13 (3.18)	4.23 (2.06)	2.70 (1.64)	8.57 (2.93)	3.93 (1.98)	2.20 (1.48)	12.23 (3.50)	5.60 (2.37)	1.73 (1.32)	5.40 (2.32)	5.53 (2.35)	0.27 (0.52)	2.33 (1.53)	0.73 (0.85)	0.00 (0.00)	3.96 (1.99)	39.73 (39.07)#
MÓDULO 2	4.67 (2.16)	1.67 (1.29)	1.43 (1.20)	8.23 (2.87)	4.47 (2.11)	2.43 (1.56)	5.13 (2.27)	1.60 (1.27)	0.87 (0.93)	6.63 (2.58)	2.30 (1.52)	1.20 (1.10)	10.10 (3.17)	4.07 (2.02)	1.67 (1.29)	10.57 (3.25)	7.37 (2.72)	2.93 (1.71)	9.07 (3.01)	3.07 (1.75)	0.63 (0.79)	7.20 (2.68)	2.83 (1.68)	0.40 (0.63)	2.63 (1.62)	0.83 (0.91)	0.00 (0.00)	3.85 (1.96)	41.40 (40.05)
MÓDULO 3	3.67 (1.92)	2.43 (1.56)	0.80 (0.89)	11.87 (3.45)	5.57 (2.36)	2.00 (1.41)	4.47 (2.11)	2.37 (1.54)	0.63 (0.79)	4.60 (2.15)	1.43 (1.20)	0.17 (0.41)	5.83 (2.42)	2.83 (1.68)	2.27 (1.51)	3.43 (1.85)	2.17 (1.47)	0.17 (0.41)	5.83 (2.42)	3.27 (1.81)	1.03 (1.02)	2.10 (1.45)	0.90 (0.95)	0.03 (0.17)	0.77 (0.88)	0.33 (0.58)	0.00 (0.00)	2.63 (1.62)	59.97 (50.75)
MÓDULO 4	4.50 (2.12)	2.40 (1.55)	1.60 (1.27)	11.17 (3.34)	8.03 (2.83)	2.00 (1.41)	4.73 (2.18)	1.73 (1.32)	0.80 (0.89)	7.40 (2.72)	3.40 (1.84)	1.37 (1.17)	9.40 (3.07)	2.97 (1.72)	1.00 (1.00)	7.83 (2.80)	2.60 (1.61)	0.80 (0.89)	9.30 (3.05)	2.95 (1.72)	0.70 (0.84)	4.53 (2.13)	2.33 (1.53)	0.43 (0.66)	1.73 (1.32)	0.47 (0.69)	0.00 (0.00)	3.56 (1.89)	45.81 (42.60)
UTC	5.37 (2.32)	2.03 (1.43)	1.13 (1.06)	9.70 (3.12)	5.57 (2.36)	3.27 (1.81)	17.40 (4.17)	4.60 (2.15)	2.33 (1.53)	19.93 (4.46)	4.83 (2.20)	2.43 (1.56)	21.17 (4.60)	7.93 (2.82)	1.57 (1.25)	17.10 (4.14)	9.90 (3.15)	3.30 (1.82)	15.93 (3.99)	3.87 (1.97)	0.80 (0.89)	11.50 (3.39)	0.83 (0.91)	0.17 (0.41)	3.97 (1.99)	0.70 (0.84)	0.03 (0.17)	6.57 (2.56)	-
S.Em±	0.26	0.36	0.57	1.36	0.82	0.15	0.76	0.69	0.25	1.39	0.96	0.46	0.90	0.33	0.56	0.68	1.05	0.06	0.21	0.30	0.08	0.53	0.81	0.06	0.58	0.08	NS	1.46	-
CD (0,05)	1.32	1.27	1.49	3.29	3.53	3.52	3.57	2.91	3.42	2.06	1.38	1.31	1.78	3.45	2.65	2.60	1.49	0.15	1.40	0.91	0.50	1.13	1.93	0.75	1.26	1.11	NS	3.21	-
CV (%)	2.86	3.98	3.80	5.11	4.10	5.20	5.30	4.92	5.33	4.75	3.10	3.17	4.52	5.28	4.86	7.19	3.31	1.28	3.10	1.51	2.50	2.09	3.65	2.42	3.08	2.97	NS	5.32	-

SEM = Semanas após a sementeira; UTC = Controlo não tratado; UC = Dossel superior; MC = Dossel médio; LC = Dossel inferior.

*Os dados entre parênteses são valores transformados $\sqrt{n} + 0,5$; #Os dados entre parênteses são valores transformados $\sin^{-1}$.

Quadro 4: Desempenho de diferentes módulos contra o jassídeo do algodão, *Amrasca biguttula biguttula* que infesta o quiabeiro durante a época *pré-kharif* de 2015 (fevereiro a maio).

Tratamentos	Número de jassídeos (ninfas e adultos) por folha																											Média global	% média de redução em relação à UTC
	4 WAS			5 LAVAGEM			6 WAS			7 WAS			8 WAS			9 WAS			10 WAS			11 WAS			12 WAS				
	UC	MC	LC	UC	MC	LC	UC	MC	LC	UC	MC	LC	UC	MC	LC	UC	MC	LC	UC	MC	LC	UC	MC	LC	UC	MC	LC		
MÓDULO- 1	4.37 (2.09)*	3.03 (1.74)	1.00 (1.00)	5.17 (2.27)	3.10 (1.76)	1.33 (1.15)	6.73 (2.59)	3.07 (1.75)	1.80 (1.34)	8.63 (2.94)	4.97 (2.23)	2.57 (1.60)	11.20 (3.35)	5.20 (2.28)	3.17 (1.78)	8.93 (2.99)	4.23 (2.06)	2.50 (1.58)	12.47 (3.53)	5.90 (2.43)	2.00 (1.41)	5.53 (2.35)	5.67 (2.38)	0.40 (0.63)	2.43 (1.56)	0.83 (0.91)	0.00 (0.00)	4.31 (2.08)	37.63 (37.84)#
MÓDULO- 2	4.83 (2.20)	1.93 (1.39)	1.67 (1.29)	8.60 (2.93)	4.63 (2.15)	2.60 (1.61)	5.53 (2.35)	1.90 (1.38)	1.13 (1.06)	6.93 (2.63)	2.50 (1.58)	1.37 (1.17)	10.67 (3.27)	4.40 (2.10)	1.73 (1.32)	10.93 (3.31)	7.47 (2.73)	3.30 (1.82)	9.50 (3.08)	3.33 (1.83)	0.87 (0.93)	7.70 (2.78)	3.20 (1.79)	0.63 (0.79)	3.23 (1.80)	1.17 (1.08)	0.03 (0.17)	4.14 (2.04)	40.09 (39.28)
MÓDULO- 3	3.80 (1.95)	2.67 (1.63)	0.93 (0.96)	12.07 (3.47)	5.77 (2.40)	2.30 (1.52)	4.67 (2.16)	2.60 (1.61)	0.73 (0.85)	4.93 (2.22)	1.87 (1.37)	0.37 (0.81)	6.13 (2.48)	3.07 (1.75)	2.33 (1.53)	3.90 (1.98)	2.30 (1.52)	0.23 (0.48)	6.10 (2.47)	3.37 (1.84)	1.13 (1.06)	2.27 (1.51)	1.13 (1.06)	0.00 (0.00)	0.93 (0.96)	0.33 (0.58)	0.00 (0.00)	2.81 (1.68)	59.33 (50.38)
MÓDULO- 4	4.70 (2.17)	2.77 (1.66)	1.80 (1.34)	12.13 (3.48)	8.57 (2.93)	2.27 (1.51)	5.17 (2.27)	2.03 (1.43)	0.63 (0.79)	8.10 (2.85)	3.67 (1.92)	1.67 (1.29)	10.37 (3.22)	3.60 (1.90)	1.20 (1.10)	8.90 (2.98)	2.87 (1.69)	0.73 (0.85)	10.10 (3.18)	3.40 (1.84)	1.03 (1.02)	4.97 (2.23)	2.50 (1.58)	0.63 (0.79)	2.50 (1.58)	0.27 (0.52)	0.00 (0.00)	3.95 (1.99)	42.84 (40.88)
UTC	6.10 (2.47)	2.63 (1.62)	1.47 (1.21)	10.10 (3.18)	5.80 (2.41)	3.80 (1.95)	18.53 (4.31)	7.17 (2.68)	2.27 (1.51)	20.27 (4.50)	5.00 (2.24)	2.80 (1.67)	21.83 (4.67)	8.13 (2.85)	1.73 (1.32)	18.07 (4.25)	10.33 (3.21)	3.80 (1.95)	16.27 (4.03)	4.20 (2.05)	1.53 (1.24)	8.23 (2.87)	1.33 (1.15)	0.23 (0.48)	4.23 (2.06)	0.70 (0.84)	0.03 (0.17)	6.91 (2.63)	-
S.Em±	0.45	0.30	0.18	2.19	0.31	0.36	0.57	0.68	0.82	0.25	0.15	0.06	0.38	1.29	0.73	0.54	0.71	0.63	0.83	0.54	0.06	0.18	1.54	NS	0.18	0.50	NS	1.23	-
CD (0,05)	1.52	2.69	1.11	3.87	1.47	1.24	1.30	1.91	2.13	3.18	2.31	1.22	3.52	4.15	1.52	1.72	2.13	2.19	3.12	4.12	1.09	3.19	2.81	NS	3.16	1.13	NS	2.08	-
CV (%)	7.61	5.18	3.53	7.92	5.32	6.28	5.79	7.59	6.32	9.32	4.52	3.45	5.81	7.19	3.72	3.81	6.51	5.70	6.05	8.50	3.11	5.92	5.89	NS	5.60	3.19	NS	4.15	-

SEM = Semanas após a sementeira; UTC = Controlo não tratado; UC = Dossel superior; MC = Dossel médio; LC = Dossel inferior.

*Os dados entre parênteses são valores transformados $\sqrt{n} + 0,5$; #Os dados entre parênteses são valores transformados $\sin^{-1}$.

na ordem de 6,57 e 6,91 por folha na presença e ausência de feijão de cacho, respetivamente.

As conclusões de Ghelani *et al.* (2014) estão em paridade com as conclusões do presente autor, que verificou que o flonicamid seguido de dinotefurano se revelou muito eficaz para gerir a infestação de jassídeos no algodão Bt. Mandal *et al.* (2006b) também reconheceram que a aplicação no solo de bagaço de neem na preparação final do terreno, seguida da aplicação por pulverização de diferentes produtos químicos, geriu eficazmente a população de jassídeos e de brocas de rebentos e frutos no quiabeiro, o que apoia plenamente as presentes conclusões.

4.3.2 Mosca branca:

O efeito de diferentes módulos na população de mosca branca (número/folha) em diferentes DAS foi apresentado na tabela 5 e na tabela 6 para dois locais. Aos 4 DAS, a população variou entre 3,67-4,67/folha na copa superior, 1,67-2,73/folha na copa média e 0,80-1,60/folha na copa inferior e, entre todos os módulos, o Módulo-3 foi considerado superior e foi estatisticamente igual (tabela 5). Aos 8 DAA, foi registada uma população baixa (3,64/folha) no Módulo-3, seguida do Módulo-4 (4,46/folha) e a população mais elevada foi registada no Módulo-2, seguida do Módulo-1, estando estatisticamente ao mesmo nível. A população média de mosca branca também revelou que o Módulo-3 registou o número mais baixo de mosca branca (1,92/folha) seguido do Módulo-2; enquanto que o Módulo-1 registou uma população mais elevada em todas as observações, indicando o módulo menos eficaz.

Da mesma forma, o efeito dos módulos foi considerado significativo contra a mosca branca no quiabo cultivado na ausência de feijão de cacho (tabela 6), onde o Módulo-3 foi considerado superior em abrigar a menor população de mosca branca (2,01/folha) seguida pelo Módulo-2 (2,79/folha). Mas a maior população foi observada no Módulo-1, estatisticamente igual. A Figura-1 mostrou que todos os módulos testados contra a mosca branca na presença de feijão de cacho abrigaram menos número de adultos e população de ninfas do que na sua ausência. Isto indica que a carga de pragas seria menor no quiabo quando este pode ser cultivado juntamente com o feijão de cacho. Além disso, o Módulo-3 foi superior no que respeita à incidência de mosca branca, enquanto o Módulo-1 foi o módulo inferior.

Os resultados da presente investigação estão em conformidade com os resultados de Gaurkhede *et al.* (2015), que confirmaram a superioridade da nova molécula sistémica flonicamida em relação aos insecticidas convencionais contra a mosca branca do algodão. Ghosh *et al.* (2013) verificaram que o óleo de neem registou mais de 60% de mortalidade da mosca branca no quiabeiro, o que se revelou estatisticamente equivalente ao imidaclopride.

Quadro 5: Desempenho de diferentes módulos contra a mosca branca, *Bemisia tabaci*, que infesta o quiabo cultivado juntamente com o feijão de cacho como cultura armadilha durante a estação *pré-kharif* de 2015 (fevereiro a maio).

Tratamentos	Número de moscas brancas (ninfas e adultos) por folha																											Média global	% média de redução em relação à UTC
	4 WAS			5 LAVAGEM			6 WAS			7 WAS			8 WAS			9 WAS			10 WAS			11 WAS			12 WAS				
	UC	MC	LC	UC	MC	LC	UC	MC	LC	UC	MC	LC	UC	MC	LC	UC	MC	LC	UC	MC	LC	UC	MC	LC	UC	MC	LC		
MÓDULO 1	2.57 (1.60)*	2.23 (1.49)	0.97 (0.99)	10.90 (3.30)	6.57 (2.56)	2.67 (1.63)	9.17 (3.03)	4.77 (2.18)	1.70 (1.30)	8.53 (2.92)	4.37 (2.09)	0.87 (0.93)	7.83 (2.80)	3.53 (1.88)	0.97 (0.99)	4.20 (2.05)	3.07 (1.75)	0.73 (0.85)	5.37 (2.32)	2.67 (1.63)	0.23 (0.48)	2.10 (1.45)	1.10 (1.05)	0.00 (0.00)	0.37 (0.61)	0.00 (0.00)	0.00 (0.00)	3.24 (1.80)	17.14 (24.46)#
MÓDULO 2	2.53 (1.59)	2.47 (1.57)	0.43 (0.66)	11.17 (3.34)	4.50 (2.12)	2.10 (1.45)	5.43 (2.33)	3.50 (1.87)	0.60 (0.78)	6.13 (2.48)	3.27 (1.80)	0.83 (0.91)	6.93 (2.63)	2.50 (1.58)	1.10 (1.05)	4.77 (2.18)	2.80 (1.67)	0.30 (0.55)	4.43 (2.11)	2.30 (1.52)	0.17 (0.41)	1.73 (1.32)	0.50 (0.71)	0.03 (0.17)	0.20 (0.45)	0.10 (0.32)	0.03 (0.17)	2.62 (1.62)	32.99 (35.06)
MÓDULO 3	2.67 (1.63)	1.83 (1.35)	0.20 (0.45)	7.83 (2.80)	2.70 (1.64)	0.87 (0.93)	6.80 (2.61)	3.13 (1.77)	0.30 (0.55)	3.23 (1.80)	1.87 (1.37)	0.30 (0.55)	6.87 (2.62)	3.40 (1.84)	0.67 (0.82)	2.60 (1.61)	0.33 (0.58)	0.00 (0.00)	2.37 (1.54)	1.17 (1.08)	0.00 (0.00)	2.07 (1.44)	0.20 (0.45)	0.03 (0.17)	0.30 (0.55)	0.07 (0.27)	0.03 (0.17)	1.92 (1.39)	50.90 (45.52)
MÓDULO 4	2.83 (1.68)	1.93 (1.39)	0.83 (0.91)	12.30 (3.51)	8.07 (2.84)	2.47 (1.57)	7.97 (2.82)	4.33 (2.08)	1.43 (1.20)	4.97 (2.23)	2.47 (1.57)	0.73 (0.85)	6.07 (2.46)	3.33 (1.83)	1.37 (1.17)	3.03 (1.74)	1.73 (1.32)	0.20 (0.45)	4.47 (2.11)	2.30 (1.52)	0.53 (0.73)	2.83 (1.68)	1.13 (1.06)	0.37 (0.61)	1.27 (1.13)	0.03 (0.17)	0.00 (0.00)	2.93 (1.71)	25.06 (30.04)
UTC	2.80 (1.67)	2.13 (1.46)	0.93 (0.96)	9.67 (3.11)	5.57 (2.36)	2.67 (1.63)	10.93 (3.31)	6.60 (2.57)	3.37 (1.84)	11.30 (3.36)	6.53 (2.56)	0.90 (0.95)	8.43 (2.90)	4.13 (2.03)	1.23 (1.11)	7.00 (2.65)	4.23 (2.06)	0.73 (0.85)	6.43 (2.54)	3.23 (1.80)	0.70 (0.84)	3.63 (1.91)	0.93 (0.96)	0.53 (0.73)	0.80 (0.89)	0.13 (0.36)	0.00 (0.00)	3.91 (1.98)	-
S.Em±	0.36	0.39	0.27	1.24	1.27	0.63	1.36	0.96	0.75	1.95	1.14	0.34	0.70	0.53	1.25	1.29	0.92	NS	0.99	0.52	0.25	0.46	0.30	0.18	0.37	NS	NS	0.52	-
CD (0,05)	1.11	1.20	0.83	3.84	3.94	1.95	4.21	2.98	2.32	6.03	3.53	1.06	2.17	1.65	3.31	3.57	2.16	NS	3.05	1.62	0.78	1.43	0.94	0.56	1.16	NS	NS	1.83	-
CV (%)	2.71	3.96	1.90	4.29	6.75	3.29	4.31	4.47	5.57	7.36	6.25	5.31	9.52	3.64	5.16	4.65	3.89	NS	4.07	4.19	1.93	3.57	1.84	1.88	3.54	NS	NS	3.91	-

SEM = Semanas após a sementeira; UTC = Controlo não tratado; UC = Dossel superior; MC = Dossel médio; LC = Dossel inferior.

*Os dados entre parênteses são valores transformados √n + 0,5; #Os dados entre parênteses são valores transformados sin^{-1} .

Quadro 6: Desempenho de diferentes módulos contra a mosca branca, *Bemisia tabaci*, que infesta o quiabo durante a estação *pré-kharif* de 2015 (fevereiro a maio).

Tratamentos	Número de moscas brancas (ninfas e adultos) por folha																											Média global	% média de redução em relação à UTC
	4 WAS			5 LAVAGEM			6 WAS			7 WAS			8 WAS			9 WAS			10 WAS			11 WAS			12 WAS				
	UC	MC	LC	UC	MC	LC	UC	MC	LC	UC	MC	LC	UC	MC	LC	UC	MC	LC	UC	MC	LC	UC	MC	LC	UC	MC	LC		
MÓDULO- 1	3.07 (1.75)*	2.40 (1.55)	1.13 (1.06)	11.17 (3.34)	6.83 (2.61)	2.83 (1.68)	9.20 (3.03)	4.83 (2.20)	1.87 (1.37)	8.73 (2.96)	4.60 (2.14)	0.97 (0.99)	8.17 (2.86)	3.77 (1.94)	1.10 (1.05)	4.40 (2.10)	3.10 (1.76)	0.77 (0.88)	5.67 (2.38)	1.90 (1.38)	0.47 (0.69)	2.07 (1.44)	1.27 (1.13)	0.27 (0.52)	0.27 (0.52)	0.07 (0.27)	0.00 (0.00)	3.37 (1.84)	18.60 (25.55)#
MÓDULO- 2	2.80 (1.67)	2.67 (1.63)	0.57 (0.76)	11.63 (3.41)	4.77 (2.18)	2.23 (1.49)	5.67 (2.38)	3.80 (1.95)	0.93 (0.96)	6.53 (2.56)	3.43 (1.85)	0.90 (0.95)	7.10 (2.67)	2.70 (1.64)	1.20 (1.10)	4.83 (2.20)	2.93 (1.71)	0.53 (0.73)	4.53 (2.13)	2.40 (1.55)	0.20 (0.45)	1.87 (1.37)	0.60 (0.77)	0.03 (0.17)	0.13 (0.36)	0.23 (0.48)	0.03 (0.17)	2.79 (1.67)	32.61 (34.82)
MÓDULO- 3	2.83 (1.68)	1.90 (1.38)	0.23 (0.48)	7.90 (2.81)	2.80 (1.67)	1.10 (1.05)	6.97 (2.64)	3.20 (1.79)	0.30 (0.55)	3.37 (1.84)	2.10 (1.45)	0.07 (0.27)	7.07 (2.66)	3.60 (1.90)	0.67 (0.82)	2.83 (1.68)	0.40 (0.63)	0.00 (0.00)	2.53 (1.59)	1.30 (1.14)	0.00 (0.00)	2.20 (1.48)	0.33 (0.57)	0.00 (0.00)	0.47 (0.69)	0.17 (0.41)	0.00 (0.00)	2.01 (1.42)	51.45 (45.83)
MÓDULO- 4	2.93 (1.71)	2.10 (1.45)	0.97 (0.99)	12.37 (3.52)	9.03 (3.01)	2.67 (1.63)	8.23 (2.87)	4.57 (2.14)	1.63 (1.28)	5.67 (2.38)	2.60 (1.61)	0.83 (0.91)	6.27 (2.50)	3.43 (1.85)	1.63 (1.28)	3.23 (1.80)	1.93 (1.39)	0.37 (0.61)	4.57 (2.14)	2.33 (1.53)	0.60 (0.78)	2.90 (1.70)	1.30 (1.14)	0.33 (0.57)	1.37 (1.17)	0.10 (0.32)	0.00 (0.00)	3.11 (1.76)	24.88 (29.92)
UTC	3.07 (1.75)	2.33 (1.53)	1.13 (1.06)	11.10 (3.33)	6.53 (2.56)	2.90 (1.70)	11.53 (3.40)	7.07 (2.66)	3.43 (1.85)	12.10 (3.48)	7.00 (2.65)	1.13 (1.06)	8.87 (2.98)	4.13 (2.03)	1.30 (1.14)	7.17 (2.68)	4.37 (2.09)	0.80 (0.89)	3.87 (1.97)	3.43 (1.85)	0.80 (0.89)	4.73 (2.18)	1.03 (1.02)	0.60 (0.77)	1.00 (1.00)	0.23 (0.48)	0.07 (0.27)	4.14 (2.04)	-
S.Em±	0.21	0.36	0.87	1.36	0.72	0.15	0.97	0.66	0.31	1.27	0.92	0.40	0.90	0.23	0.56	0.69	1.05	0.06	0.21	0.30	0.08	0.53	NS	NS	NS	NS	NS	0.26	-
CD (0,05)	1.52	1.19	1.66	3.29	2.53	3.12	3.51	2.81	3.29	2.56	1.30	1.21	1.78	3.25	2.62	2.63	1.49	0.15	1.40	0.91	0.50	1.13	NS	NS	NS	NS	NS	1.54	-
CV (%)	3.18	4.20	3.91	5.11	4.10	6.20	6.32	4.92	5.33	4.80	3.10	3.17	4.52	5.28	4.95	7.14	3.31	1.28	3.10	1.51	2.50	2.09	NS	NS	NS	NS	NS	3.42	-

SAA = Semanas após a sementeira; UTC = Controlo não tratado; UC = Dossel superior; MC = Dossel médio; LC = Dossel inferior.

*Os dados entre parênteses são valores transformados $\sqrt{n + 0,5}$; #Os dados entre parênteses são valores transformados sin^{-1} .

4.3.3 Rolo de folhas:

O efeito de diferentes módulos contra o enrolador de folhas, *Sylepta derogata*, foi avaliado em dois locais durante 2015. O resultado do primeiro local (em associação com o feijão de cacho) foi apresentado no quadro 7. Verifica-se que a população do rolo das folhas em diferentes intervalos de semanas, ou seja, 5, 7 e 9, foi menor no Módulo-2 (0,00, 0,00 e 0,04 larvas/planta, respetivamente) e foi igual ao Módulo-3 em todas as observações (0,06, 0,04 e 0,00 larvas/planta, respetivamente). Os dados médios sobre a densidade de larvas em ordem decrescente foram Módulo-3 = Módulo-2 > Módulo-1 > Módulo-4. A densidade máxima de larvas foi registada aos 5 anos de idade e depois verificou-se que a população diminuiu na fase posterior do crescimento da cultura.

Noutro local (cultivado na ausência de feijão de cacho), a população em diferentes intervalos foi menor no Módulo-3, a par do Módulo-2 (quadro 8). Registou-se um número significativamente maior de larvas no Módulo-1, que apresenta semelhança estatística com o Módulo-4 em diferentes intervalos. Os dados médios sobre a densidade das larvas revelaram que a influência dos diferentes módulos foi a mesma que a da primeira localização. No entanto, a densidade populacional foi baixa no primeiro local, uma vez que a maior parte da população de rolos de folhas foi atraída e apanhada pelo feijão de cacho (figura 2).

As observações são corroboradas pelos resultados de Chakraborty e Pahari (2002); Misra *et al.* (2002), em que o metomil e outros insecticidas, isoladamente ou em combinação, controlaram eficazmente a população de rolos de folhas na cultura do quiabeiro. Entre os insecticidas não sintéticos, os extractos de sementes de Bt e de nim também se revelaram eficazes contra o enrolador de folhas do quiabeiro (Obeng e Sackey, 2003).

4.3.4 Broca do rebento e do fruto:

O impacto de diferentes módulos na percentagem de danos nos rebentos do quiabeiro por *Earias vitella* foi investigado em dois locais diferentes durante 2015 e os dados foram apresentados nos quadros 9 e 10. O resultado do primeiro local (cultivado juntamente com feijão de cacho) indicou que a infestação percentual de rebentos diferiu significativamente entre os módulos (tabela 9). O módulo-2 registou a maior percentagem média de danos nos rebentos (3,17%), seguido do módulo-1 (2,95%), que foi estatisticamente igual ao módulo-4 (2,60%). Já o módulo-3 apresentou a menor média de infestação de brotos por *E. vitella* (1,51%) quando a cultura do quiabo foi semeada junto com o feijão-caupi.

Tendência semelhante também foi observada no segundo local, onde o Módulo-3 foi novamente o mais superior, com a menor porcentagem de infestação de brotos de quiabo (1,55%) (tabela 10).

Quadro 7: Desempenho de diferentes módulos contra o rolo de folhas de algodão, *Sylepta derogata*, que infesta o quiabo cultivado juntamente com o feijão de cacho como cultura armadilha durante a estação *pré-kharif* de 2015 (fevereiro a maio).

Tratamentos	População larvar de *S, derogata* por planta										
	4 WAS	5 LAVAGEM	6 WAS	7 WAS	8 WAS	9 WAS	10 WAS	11 WAS	12 WAS	Média global	% média de redução em relação à UTC
MÓDULO- 1	0.00 (0.00)*	0.08 (0.28)	0.00 (0.00)	0.06 (0.25)	0.00 (0.00)	0.03 (0.17)	0.00 (0.00)	0.00 (0.00)	0.00 (0.00)	0.02 (0.14)	66.67 (54.74)#
MÓDULO- 2	0.00 (0.00)	0.00 (0.00)	0.00 (0.00)	0.00 (0.00)	0.00 (0.00)	0.04 (0.20)	0.00 (0.00)	0.00 (0.00)	0.00 (0.00)	0.01 (0.10)	83.33 (65.90)
MÓDULO- 3	0.00 (0.00)	0.06 (0.25)	0.00 (0.00)	0.04 (0.20)	0.05 (0.22)	0.00 (0.00)	0.00 (0.00)	0.00 (0.00)	0.00 (0.00)	0.01 (0.10)	83.33 (65.90)
MÓDULO- 4	0.00 (0.00)	0.13 (0.36)	0.00 (0.00)	0.05 (0.22)	0.03 (0.17)	0.03 (0.17)	0.00 (0.00)	0.00 (0.00)	0.00 (0.00)	0.03 (0.17)	50.00 (45.00)
UTC	0.00 (0.00)	0.11 (0.33)	0.05 (0.22)	0.08 (0.28)	0.10 (0.32)	0.10 (0.32)	0.08 (0.28)	0.03 (0.17)	0.00 (0.00)	0.06 (0.25)	-
S.Em±	0.00	0.04	NS	0.03	0.05	0.04	NS	NS	0.00	NS	-
CD (0,05)	0.00	0.13	NS	0.10	0.14	0.12	NS	NS	0.00	NS	-
CV (%)	-	1.03	NS	1.51	2.35	2.94	NS	NS	-	NS	-

SAA = Semanas após a sementeira; UTC = Controlo não tratado.

*Os dados entre parênteses são valores transformados de √n + 0,5; #Os dados entre parênteses são valores transformados de sin^{-1} .

Quadro 8: Desempenho de diferentes módulos contra o rolo de folhas de algodão, *Sylepta derogata*, que infesta o quiabeiro durante a estação *pré-kharif* de 2015 (fevereiro a maio).

Tratamentos	População larvar de *S, derogata* por planta										
	4 WAS	5 LAVAGEM	6 WAS	7 WAS	8 WAS	9 WAS	10 WAS	11 WAS	12 WAS	Média global	% média de redução em relação à UTC
MÓDULO- 1	0.09 (0.30)*	0.14 (0.37)	0.11 (0.33)	0.16 (0.40)	0.03 (0.17)	0.08 (0.28)	0.08 (0.28)	0.00 (0.00)	0.00 (0.00)	0.08 (0.28)	55.56 (48.19)#
MÓDULO- 2	0.00 (0.00)	0.08 (0.28)	0.08 (0.28)	0.09 (0.30)	0.09 (0.30)	0.09 (0.30)	0.00 (0.00)	0.00 (0.00)	0.00 (0.00)	0.05 (0.22)	72.22 (58.19)
MÓDULO- 3	0.03 (0.17)	0.09 (0.30)	0.03 (0.17)	0.08 (0.28)	0.04 (0.20)	0.00 (0.00)	0.00 (0.00)	0.00 (0.00)	0.00 (0.00)	0.03 (0.17)	83.33 (65.90)
MÓDULO- 4	0.05 (0.22)	0.20 (0.45)	0.04 (0.20)	0.14 (0.37)	0.06 (0.25)	0.08 (0.28)	0.00 (0.00)	0.00 (0.00)	0.00 (0.00)	0.06 (0.25)	66.67 (54.74)
UTC	0.16 (0.40)	0.25 (0.50)	0.35 (0.59)	0.28 (0.53)	0.35 (0.59)	0.16 (0.40)	0.09 (0.30)	0.00 (0.00)	0.00 (0.00)	0.18 (0.42)	-
S.Em±	NS	0.09	0.12	0.30	0.03	NS	NS	0.00	0.00	NS	-
CD (0,05)	NS	0.24	0.40	0.75	0.09	NS	NS	0.00	0.00	NS	-
CV (%)	NS	1.16	1.29	2.06	0.17	NS	NS	-	-	NS	-

SAA = Semanas após a sementeira; UTC = Controlo não tratado.

*Os dados entre parênteses são valores transformados de √n + 0,5; #Os dados entre parênteses são valores transformados de sin^{-1} .

Tabela 9: Desempenho de diferentes módulos contra a percentagem de danos nos rebentos causados por *Earias vitella* em quiabos cultivados juntamente com feijão de cacho como cultura armadilha durante a estação *pré-kharif* de 2015 (fevereiro a maio).

Tratamentos	Percentagem de danos nos rebentos causados por *E. vitella*										
	4 WAS	5 LAVAGEM	6 WAS	7 WAS	8 WAS	9 WAS	10 WAS	11 WAS	12 WAS	Média global	% média de redução em

											relação à UTC
MÓDULO-1	0.00 (0.00)*	0.00 (0.00)	1.63 (7.34)	5.20 (13.18)	4.31 (11.98)	7.51 (15.91)	4.05 (11.61)	2.63 (9.33)	1.25 (6.42)	2.95 (9.89)	53.03 (46.74)#
MÓDULO-2	0.00 (0.00)	0.00 (0.00)	0.63 (4.55)	9.25 (17.71)	4.44 (12.16)	8.13 (16.57)	1.38 (6.75)	3.23 (10.35)	1.50 (7.04)	3.17 (10.26)	49.52 (44.73)
MÓDULO-3	0.00 (0.00)	0.00 (0.00)	0.94 (5.56)	5.00 (12.92)	1.38 (6.75)	2.50 (9.10)	0.75 (4.97)	2.25 (8.63)	0.75 (4.97)	1.51 (7.06)	75.96 (60.64)
MÓDULO-4	0.00 (0.00)	0.00 (0.00)	1.00 (5.74)	9.12 (17.58)	2.38 (8.88)	3.33 (10.51)	1.88 (7.88)	3.88 (11.36)	1.80 (7.71)	2.60 (9.28)	58.60 (49.95)
UTC	0.00 (0.00)	0.00 (0.00)	2.25 (8.63)	12.14 (20.39)	9.51 (17.96)	10.88 (19.26)	9.06 (17.52)	9.20 (17.66)	3.48 (10.75)	6.28 (14.51)	-
S.Em±	0.00	0.00	0.54	2.19	1.94	2.40	2.27	1.92	0.79	0.54	-
CD (0,05)	0.00	0.00	1.68	6.76	5.98	7.42	4.02	5.93	2.43	2.36	-
CV (%)	-	-	4.71	8.93	8.24	7.74	7.20	9.13	5.22	4.89	-

SAW = Semanas após a sementeira; UTC = Controlo não tratado. *Os dados entre parêntesis são valores transformados em sin^{-1}.

Quadro 10: Desempenho de diferentes módulos contra a percentagem de danos nos rebentos causados por *Earias vitella* no quiabeiro durante a época *pré-kharif* de 2015 (fevereiro a maio).

Tratamentos	Percentagem de danos nos rebentos causados por *E. vitella*										
	4 WAS	5 LAVAGEM	6 WAS	7 WAS	8 WAS	9 WAS	10 WAS	11 WAS	12 WAS	Média global	% média de redução em relação à UTC
MÓDULO-1	0.00 (0.00)*	0.00 (0.00)	1.69 (7.47)	5.88 (14.03)	4.88 (12.76)	8.00 (16.43)	4.06 (11.62)	2.38 (8.88)	0.94 (5.56)	3.09 (10.12)	52.39 (46.37)
MÓDULO-2	0.00 (0.00)	0.00 (0.00)	0.81 (5.16)	9.88 (18.32)	5.19 (13.17)	9.31 (17.77)	1.75 (7.60)	3.44 (10.69)	1.38 (6.75)	3.53 (10.83)	45.61 (42.48)
MÓDULO-3	0.00 (0.00)	0.00 (0.00)	1.38 (6.75)	5.19 (13.17)	1.13 (6.10)	2.81 (9.65)	1.06 (5.91)	1.50 (7.04)	0.88 (5.38)	1.55 (7.15)	76.12 (60.75)
MÓDULO-4	0.00 (0.00)	0.00 (0.00)	1.00 (5.74)	10.00 (18.44)	2.25 (8.63)	3.56 (10.88)	1.75 (7.60)	4.31 (11.98)	2.13 (8.39)	2.78 (9.60)	57.17 (49.12)
UTC	0.00 (0.00)	0.31 (3.19)	2.69 (9.44)	12.50 (20.71)	10.13 (18.56)	11.13 (19.49)	9.06 (17.52)	9.13 (17.59)	3.50 (10.78)	6.49 (14.76)	-
S.Em±	0.00	NS	0.08	1.72	1.80	2.30	2.10	1.28	0.66	0.36	-
CD (0,05)	0.00	NS	1.17	3.54	2.39	3.15	3.65	3.30	2.32	1.59	-
CV (%)	-	NS	3.02	6.23	5.05	7.09	7.27	6.54	4.57	2.97	-

SAA = Semanas após a sementeira; UTC = Controlo não tratado. * Os dados entre parênteses são valores transformados de sin^{-1}.

A maior média de infestação de brotos foi encontrada no Módulo-2 (3,53%), seguida pelo Módulo-1 e Módulo-4, que foram estatisticamente iguais entre si. A Figura 3 revelou a comparação relativa entre diferentes módulos na incidência de infestação percentual de rebentos, onde a carga de pragas foi maior em todos os módulos, incluindo o controlo não tratado cultivado na ausência de feijão de cacho.

A bioeficácia da flubendiamida no campo contra a broca do quiabo e a broca do fruto foi avaliada por Katti e Surpur (2015), que confirmaram que todas as dosagens de flubendiamida foram muito mais eficazes do que as moléculas sintéticas convencionais, o que apoia plenamente a presente investigação. As conclusões de Iqbal *et al.* (2014); Devi *et al.* (2014) também estão em paridade com as conclusões dos presentes autores.

4.3.5 Broca da vagem da grama:

O efeito de diferentes módulos sobre a população da broca da vagem da grama, *Helicoverpa armigera*, foi investigado em dois locais durante 2015 e os dados foram apresentados na tabela 11 e 12. O resultado do primeiro local indicou que a população larvar de *H.* armigera/planta diferiu significativamente entre os módulos (tabela 11). No Módulo-4 foi registada a população média mais baixa (0,16 larvas/planta), estatisticamente igual à do Módulo-3 (0,17 larvas/planta). Curiosamente, o Módulo-1 e o Módulo-2 registaram uma população média de larvas semelhante (0,23 larvas/planta). O Módulo-4 registou a maior redução média percentual da população de larvas em relação ao controlo não tratado (54,29%), diferindo significativamente entre eles.

Da mesma forma, os dados do segundo local (quiabo cultivado na ausência de feijão de cacho) (tabela 12) revelaram uma tendência mais ou menos semelhante. A população média mais baixa foi registada no Módulo-3 (0,17 larvas/planta), estatisticamente ao mesmo nível que no Módulo-4 (0,18 larvas/planta) e no Módulo-2 (0,19 larvas/planta). A população média mais elevada foi registada no Módulo-1, que diferiu significativamente entre eles. A Figura 3 também revelou que, como outras pragas, a carga da população de *H. armigera* foi maior no ecossistema do quiabo contra diferentes módulos cultivados na ausência de feijão de cacho do que no cultivado em associação com ele.

A eficácia do benzoato de emamectina contra a *H. armigera* no quiabo e do clorfluazurão contra a mesma praga no grão-de-bico foi avaliada por Govindan *et al.* (2013) e Khatri *et al.* (2015), tendo as suas conclusões apoiado plenamente os resultados da presente investigação.

Quadro 11: Desempenho de diferentes módulos contra a população de larvas de *Helicoverpa armigera* em quiabos cultivados juntamente com feijão de cacho como cultura armadilha durante a estação *pré-kharif* de 2015 (fevereiro a maio).

Tratamentos	População larvar de *Helicoverpa armigera* por planta										
	4 WAS	5 LAVAGEM	6 WAS	7 WAS	8 WAS	9 WAS	10 WAS	11 WAS	12 WAS	Média global	% média de redução em relação à UTC
MÓDULO- 1	0.00 (0.00)*	0.00 (0.00)	0.00 (0.00)	0.74 (0.86)	0.29 (0.54)	0.74 (0.86)	0.17 (0.41)	0.11 (0.33)	0.00 (0.00)	0.23 (0.48)	34.29 (35.84)#
MÓDULO- 2	0.00 (0.00)	0.00 (0.00)	0.00 (0.00)	0.60 (0.78)	0.45 (0.67)	0.50 (0.71)	0.31 (0.56)	0.20 (0.45)	0.00 (0.00)	0.23 (0.48)	34.29 (35.84)
MÓDULO- 3	0.00 (0.00)	0.00 (0.00)	0.00 (0.00)	0.56 (0.75)	0.29 (0.54)	0.56 (0.75)	0.08 (0.28)	0.05 (0.22)	0.00 (0.00)	0.17 (0.41)	51.43 (45.82)
MÓDULO- 4	0.00 (0.00)	0.00 (0.00)	0.00 (0.00)	0.55 (0.74)	0.29 (0.54)	0.46 (0.68)	0.11 (0.33)	0.03 (0.17)	0.00 (0.00)	0.16 (0.40)	54.29 (47.46)
UTC	0.00 (0.00)	0.00 (0.00)	0.00 (0.00)	0.64 (0.80)	0.78 (0.88)	0.83 (0.91)	0.69 (0.83)	0.18 (0.42)	0.00 (0.00)	0.35 (0.59)	-
S.Em±	0.00	0.00	0.00	0.22	0.25	0.13	0.20	0.08	0.00	0.14	-
CD (0,05)	0.00	0.00	0.00	0.69	0.76	0.41	0.64	0.26	0.00	1.35	-
CV (%)	-	-	-	2.97	1.04	3.07	1.52	1.28	-	3.19	-

SAA = Semanas após a sementeira; UTC = Controlo não tratado.

*Os dados entre parênteses são valores transformados de $\sqrt{n + 0,5}$; #Os dados entre parênteses são valores transformados de $\sin^{-1}$.

Quadro 12: Desempenho de diferentes módulos contra a população de larvas de *Helicoverpa*

***armigera* em quiabos durante a estação *pré-kharif* de 2015 (fevereiro a maio).**

Tratamentos	População larvar de *Helicoverpa armigera* por planta										
	4 WAS	5 LAVAGEM	6 WAS	7 WAS	8 WAS	9 WAS	10 WAS	11 WAS	12 WAS	Média global	% média de redução em relação à UTC
MÓDULO- 1	0.00 (0.00)*	0.00 (0.00)	0.19 (0.44)	0.78 (0.88)	0.54 (0.74)	0.68 (0.83)	0.19 (0.44)	0.09 (0.30)	0.00 (0.00)	0.27 (0.52)	35.71 (36.70)#
MÓDULO- 2	0.00 (0.00)	0.00 (0.00)	0.00 (0.00)	0.59 (0.77)	0.50 (0.71)	0.58 (0.76)	0.00 (0.00)	0.00 (0.00)	0.00 (0.00)	0.19 (0.44)	54.76 (47.73)
MÓDULO- 3	0.00 (0.00)	0.00 (0.00)	0.06 (0.25)	0.81 (0.90)	0.36 (0.60)	0.20 (0.45)	0.09 (0.30)	0.00 (0.00)	0.00 (0.00)	0.17 (0.41)	59.52 (50.49)
MÓDULO- 4	0.00 (0.00)	0.00 (0.00)	0.00 (0.00)	0.61 (0.78)	0.38 (0.62)	0.58 (0.76)	0.08 (0.28)	0.00 (0.00)	0.00 (0.00)	0.18 (0.42)	57.14 (49.11)
UTC	0.00 (0.00)	0.00 (0.00)	0.43 (0.66)	1.08 (1.04)	0.76 (0.87)	0.96 (0.98)	0.48 (0.69)	0.04 (0.20)	0.00 (0.00)	0.42 (0.65)	-
S.Em±	0.00	0.00	NS	0.56	0.32	0.72	0.08	NS	0.00	0.06	-
CD (0,05)	0.00	0.00	NS	1.27	0.91	1.13	0.10	NS	0.00	0.11	-
CV (%)	-	-	NS	1.56	1.18	1.59	1.05	NS	-	0.85	-

SAA = Semanas após a sementeira; UTC = Controlo não tratado.

*Os dados entre parênteses são valores transformados de $\sqrt{n + 0,5}$; #Os dados entre parênteses são valores transformados de sin^{-1} .

4.3.6 Infestação de frutos pelo complexo de brocas de frutos (*Earias vitella* e *Helicoverpa armigera*): Os dados apresentados na tabela 13 indicam a percentagem de danos nos frutos registados em diferentes módulos no quiabeiro cultivado em associação com o feijão de cacho durante 2015. A percentagem de danos nos frutos variou entre 1,37-7,25%, com o valor médio de 2,94% no Módulo-3 a revelar-se superior entre os módulos testados e a diferir significativamente entre si (figura 4). O Módulo-1 registou a percentagem mais elevada de danos médios nos frutos (8,08%), variando entre 2,50% e 25,17%, e foi estatisticamente igual ao Módulo-2 (7,24% de infestação média nos frutos).

No segundo local (quiabo cultivado na ausência de feijão de cacho) também foi observada uma tendência semelhante, que é apresentada na tabela 14. O módulo-1 registou a percentagem média mais elevada de danos nos frutos, 8,21% (variando entre 2,48 e 25,35%), estatisticamente ao mesmo nível que o módulo-2 (infestação média de frutos de 7,79%). O módulo-3 registou a percentagem média de infestação de frutos mais baixa, de 3,22% (variando entre 1,26 - 7,90%), com uma redução de 83,07% dos danos nos frutos em relação ao controlo não tratado, seguido do módulo-4, com uma infestação média de frutos de 5,94% e uma redução de 68,77% em relação ao controlo, respetivamente (figura 5).

4.3.7 Efeito sobre os inimigos naturais:

Os efeitos de diferentes módulos na formação da população de inimigos naturais foram avaliados em diferentes WAS em dois locais diferentes onde o quiabo foi semeado em associação com o feijão de cacho e na sua ausência durante 2015. Os resultados apresentados na tabela 15 e na tabela 16 indicam diferenças significativas na população de inimigos naturais em ambos os locais entre os diferentes módulos. Entre os inimigos naturais, as aranhas e os coccinelídeos (*Coccinella transversalis,*

Cheilomenes sexmaculata, Micraspis discolor) foram os mais prevalentes.

No primeiro local, a população de coccinelídeos e aranhas foi menor no Módulo-2 (0,08 e 0,04 por planta, respetivamente), ao passo que o Módulo-1 registou a população mais elevada (0,23 e 0,16 por planta, respetivamente), estatisticamente ao mesmo nível que o Módulo-3 e o Módulo-4 (quadro 15). No entanto, o número médio mais elevado de coccinelídeos e aranhas foi encontrado no Módulo-3 (0,40 e 0,43 por planta, respetivamente), seguido do Módulo-1 (0,27 e 0,31 por planta, respetivamente), estatisticamente a par do Módulo-4 (0,20 e 0,21 por planta, respetivamente).

Tabela 13: Desempenho de diferentes módulos contra a percentagem de danos nos frutos de quiabo pelo complexo de brocas de frutos (*Earias vitella* e *Helicoverpa armigera*) cultivados juntamente com o feijão de cacho como cultura armadilha durante a estação *pré-kharif* de 2015 (fevereiro a maio).

Tratamentos	Percentagem de danos nos frutos causados pelo complexo de brocas dos frutos (*E. vitella* e *H. armigera*)																								
	Ronda de colheita em dias alternados																							Média da % de danos nos frutos	% média de redução dos danos nos frutos em relação ao controlo
	1 P^{st}	2 P^{nd}	3 P^{rd}	4º P	5 P^{th}	6th P	7º P	8 P^{th}	9º P	10 P^{th}	11 P^{th}	12 P^{th}	13 P^{th}	14 P^{th}	15 P^{th}	16 P^{th}	17 P^{th}	18 P^{th}	19 P^{th}	20 P^{th}	21 P^{st}	22 P^{nd}	23 P^{rd}		
MÓDULO 1	7.42 (16.35)#	25.17 (30.44)	20.70 (27.42)	8.25 (17.21)	9.67 (18.60)	7.20 (16.11)	4.42 (12.82)	8.98 (17.93)	9.82 (18.74)	9.32 (18.26)	9.13 (18.08)	9.95 (18.86)	6.48 (15.32)	3.81 (11.98)	2.61 (10.16)	3.86 (12.05)	5.85 (14.60)	6.15 (14.94)	7.43 (16.36)	2.50 (9.97)	3.47 (11.49)	5.47 (14.14)	8.20 (17.15)	8.08 (16.51)	54.09 (47.35)
MÓDULO 2	5.47 (14.14)	20.52 (27.29)	20.60 (27.35)	7.83 (16.78)	13.18 (21.71)	2.34 (9.70)	5.75 (14.48)	7.59 (16.52)	5.61 (14.31)	8.43 (17.39)	6.31 (15.13)	11.44 (20.21)	7.33 (16.25)	2.35 (9.72)	1.23 (7.56)	4.22 (12.55)	5.69 (14.41)	2.41 (9.82)	4.29 (12.64)	4.83 (13.35)	6.99 (15.88)	8.96 (17.91)	3.25 (11.17)	7.24 (15.61)	58.86 (50.10)
MÓDULO 3	3.43 (11.43)	7.25 (16.16)	7.04 (15.94)	4.15 (12.45)	7.18 (16.09)	2.31 (9.65)	1.51 (8.15)	1.37 (7.86)	1.37 (7.86)	2.24 (9.53)	2.58 (10.11)	1.75 (8.63)	2.04 (9.17)	1.82 (8.76)	1.58 (8.29)	1.69 (8.51)	2.50 (9.97)	1.39 (7.90)	2.16 (9.39)	2.89 (10.61)	2.65 (10.22)	3.42 (11.42)	3.30 (11.24)	2.94 (9.87)	83.30 (65.88)
MÓDULO 4	8.27 (17.23)	12.31 (20.97)	8.51 (17.47)	7.27 (16.19)	8.46 (17.42)	1.00 (7.03)	1.52 (8.17)	4.45 (12.86)	4.41 (12.80)	3.42 (11.42)	4.31 (12.67)	9.63 (18.56)	3.57 (11.64)	2.72 (10.34)	3.29 (11.23)	4.17 (12.48)	6.52 (15.36)	1.25 (7.60)	3.11 (10.95)	3.34 (11.30)	5.34 (13.98)	8.24 (17.20)	10.72 (19.57)	5.47 (13.53)	68.92 (56.12)
UTC	6.73 (15.60)	32.47 (35.04)	30.41 (33.78)	25.13 (30.42)	21.40 (27.90)	11.45 (20.22)	10.52 (19.39)	12.97 (21.53)	16.37 (24.25)	14.64 (22.90)	20.34 (27.16)	15.57 (23.63)	14.10 (22.46)	12.28 (20.95)	25.68 (30.77)	21.39 (27.90)	16.55 (24.39)	12.67 (21.28)	18.34 (25.72)	11.57 (20.33)	16.24 (24.15)	15.67 (23.71)	22.31 (28.53)	17.60 (24.81)	-
S.Em±	1.57	6.33	6.06	5.18	3.96	2.95	2.32	2.76	3.64	3.25	4.43	3.58	2.76	2.90	6.20	4.74	3.27	2.95	2.17	2.47	3.36	3.47	4.76	1.12	-
CD (0,05)	4.86	9.52	8.68	5.98	5.21	4.18	7.16	3.90	5.23	4.02	6.65	5.03	3.91	4.17	8.71	6.62	4.17	4.09	4.19	3.63	4.35	4.66	6.67	2.08	-
CV (%)	5.38	10.84	9.95	8.58	6.09	9.11	8.04	5.81	7.04	5.55	10.86	7.84	5.52	5.84	9.11	8.37	8.00	5.59	5.92	7.60	6.92	8.91	7.73	4.23	-

P = Picking; UTC = Controlo não tratado; #Os dados entre parênteses são valores transformados de sin .$^{-1}$

Tabela 14: Desempenho de diferentes módulos contra a percentagem de danos nos frutos do quiabeiro pelo complexo de brocas dos frutos (*Earias vitella* e *Helicoverpa armigera*) durante a época *prékharif* de 2015 (fevereiro a maio).

Tratamentos	Percentagem de danos nos frutos causados pelo complexo de brocas dos frutos (*E. vitella* e *H. armigera*) — Ronda de colheita em dias alternados: 1 Pst	2 Pnd	3 Prd	4th P	5 Pth	6 Pth	7th P	8 Pth	9th P	10 Pth	11 Pth	12 Pth	13 Pth	14 Pth	15 Pth	16 Pth	17 Pth	18 Pth	19 Pth	20 Pth	21 Pst	22 Pnd	23 Prd	Média da % dano s nos frutos	% média de redução dos danos nos frutos em relação ao controlo
MÓDULO 1	7.56 (16.49)#	25.35 (30.56)	18.85 (26.10)	8.44 (17.40)	9.94 (18.85)	7.64 (16.58)	4.58 (13.03)	9.16 (18.11)	10.44 (19.31)	9.80 (18.72)	9.56 (18.49)	10.35 (19.23)	6.63 (15.49)	3.98 (12.22)	2.48 (9.94)	3.81 (11.98)	5.87 (14.62)	6.21 (15.01)	7.19 (16.10)	3.25 (11.17)	3.30 (11.24)	5.63 (14.33)	8.77 (17.73)	8.21 (16.65)	56.84 (48.93)
MÓDULO 2	6.00 (14.77)	21.17 (27.74)	21.31 (27.84)	8.45 (17.41)	13.68 (22.12)	2.66 (10.24)	6.76 (15.63)	7.96 (16.91)	6.90 (15.79)	9.20 (18.15)	6.99 (15.88)	12.50 (21.13)	8.24 (17.20)	2.03 (9.15)	1.23 (7.56)	4.60 (13.05)	6.24 (15.05)	2.53 (10.02)	4.78 (13.28)	5.29 (13.92)	7.25 (16.16)	9.87 (18.79)	3.43 (11.43)	7.79 (16.21)	59.04 (50.21)
MÓDULO 3	3.69 (11.81)	7.63 (16.57)	7.90 (16.85)	4.57 (13.01)	7.42 (16.35)	1.88 (8.87)	1.26 (7.62)	1.44 (8.01)	1.30 (7.71)	3.10 (10.94)	3.23 (11.14)	2.22 (9.49)	2.64 (10.21)	1.99 (9.08)	1.64 (8.41)	2.17 (0.40)	2.94 (10.69)	1.72 (8.57)	2.52 (10.01)	2.68 (10.27)	2.96 (10.72)	3.51 (11.55)	3.56 (11.62)	3.22 (10.34)	83.07 (65.70)
MÓDULO 4	9.36 (18.30)	13.07 (21.62)	9.40 (18.34)	7.99 (16.94)	9.35 (18.29)	1.85 (8.82)	1.60 (8.33)	4.66 (13.13)	4.81 (13.32)	3.85 (12.04)	4.60 (13.05)	10.49 (19.36)	4.08 (12.36)	2.88 (10.59)	3.23 (11.14)	4.64 (13.10)	6.63 (15.49)	1.61 (8.35)	3.48 (11.51)	3.63 (11.73)	5.92 (14.68)	8.61 (17.57)	10.97 (19.80)	5.94 (14.11)	68.77 (56.03)
UTC	8.24 (17.20)	33.67 (35.77)	31.89 (34.69)	26.19 (31.11)	22.86 (28.90)	13.65 (22.10)	12.08 (20.77)	14.11 (22.47)	19.32 (26.44)	14.66 (22.91)	21.74 (28.14)	17.20 (24.88)	15.19 (23.33)	13.78 (22.20)	27.64 (32.04)	23.37 (29.25)	17.16 (24.85)	12.89 (21.46)	19.73 (26.73)	12.95 (21.51)	17.65 (25.22)	17.24 (24.91)	24.34 (29.89)	19.02 (25.86)	-
S.Em±	1.23	2.12	4.28	3.37	3.10	2.18	1.78	1.53	0.59	1.15	2.54	1.56	3.19	2.17	2.66	2.74	1.06	0.78	1.32	1.39	1.89	1.59	2.23	0.59	-
CD (0,05)	3.92	5.55	6.33	5.28	4.95	3.22	2.93	3.07	1.32	1.98	3.11	2.96	3.37	3.10	4.10	3.92	2.84	1.54	2.94	2.54	3.33	2.86	3.40	1.32	-
CV (%)	5.47	7.19	8.54	7.29	6.02	5.39	4.52	4.91	3.92	3.05	5.71	4.34	5.92	4.54	5.12	5.35	4.33	3.13	4.88	3.79	5.72	4.47	5.10	2.22	-

P = Picking; UTC = Controlo não tratado; #Os dados entre parênteses são valores transformados em sin .$^{-1}$

Da mesma forma, os dados de inimigos naturais em outro local (quiabo cultivado na ausência de feijão de cacho) foram apresentados na tabela 16. Verifica-se que a população diferiu entre os módulos avaliados. O número médio mais elevado de coccinelídeos e aranhas foi encontrado no Módulo-3 (0,32 e 0,31 por planta, respetivamente), seguido do Módulo-1 (0,20 e 0,24 por planta, respetivamente), estatisticamente igual ao do Módulo-4 (0,17 e 0,16, respetivamente). A população de inimigos naturais foi muito baixa no Módulo-2, o que foi estatisticamente significativo e se revelou mais inseguro para os inimigos naturais. Em contraste com a carga de diferentes populações de pragas, a figura 6 revelou que a população de inimigos naturais (tanto os coccinelídeos como as aranhas) foi encontrada em maior número nos diferentes módulos, incluindo o controlo sem tratamento, onde a cultura do quiabo foi cultivada juntamente com o feijão de cacho. A literatura revelou que as faunas predadoras são atraídas pelas pétalas das flores do feijão de cacho, que podem ser deslocadas para as plantas de quiabo.

Baskaran (2013) referiu que o feijão de cacho, identificado como cultura intercalar rentável no ecossistema do quiabeiro para gerir pragas de lepidópteros (*Earias vittella*, *Helicoverpa armigera*), influenciando a atividade da população de inimigos naturais. Além disso, Katti e Surpur (2015) confirmaram a toxicidade negligenciável da flubendiamida fora do alvo contra a fauna predadora predominante no ecossistema do quiabeiro. A avaliação da segurança dos novos insecticidas utilizados no módulo proposto contra diferentes populações de inimigos naturais foi investigada por Govindan *et al.* (2013); Devi *et al.* (2014) e corrobora as presentes conclusões.

4.3.8 Rendimento do quiabeiro e economia de diferentes módulos:

Os dados apresentados nas tabelas 17 e 18 indicam o rendimento do quiabo registado em diferentes módulos em dois locais individuais durante 2015. No primeiro local (quiabo cultivado juntamente com feijão de cacho) (tabela 17), o maior rendimento de frutos tenros comercializáveis foi encontrado no Módulo-3 (15,83 t/ ha), seguido do Módulo-4 (12,62 t/ ha) e do Módulo-1 (10,55 t/ ha), enquanto que o rendimento no Módulo-4 e no Módulo-1 foi estatisticamente igual. No entanto, o rendimento mais baixo (9,64 t/ ha) foi registado no Módulo-2, que foi significativamente menor em comparação com todos os outros módulos (figura 4). O rácio custo incremental: benefício foi mais elevado no caso do Módulo-3 (1: 5,23) seguido do Módulo-4 (1: 3,83).

Uma tendência semelhante também foi observada no segundo local, como mostra o quadro 18. Também é claro que no segundo local o rendimento do quiabo foi comparativamente menor do que no primeiro local (figura 5). Assim, o rácio custo/benefício incremental foi mais elevado no módulo 3 (1: 4,77), seguido do módulo 4 (1: 3,06), mas foi inferior ao da primeira estação.

Quadro 15: Impacto de diferentes módulos na prevalência da fauna predadora no ecossistema do quiabo cultivado juntamente com o feijão de cacho como cultura armadilha durante a estação *pré-kharif* de 2015 (fevereiro a maio).

Tratamentos	Número de predadores por planta																	
	4 WAS		5 LAVAGEM		6 WAS		7 WAS		8 WAS		9 WAS		10 WAS		11 WAS		12 WAS		Média global	
	a	b	a	b	a	b	a	b	a	b	a	b	a	b	a	b	a	b	a	b
MÓDULO-1	0.23 (0.48)*	0.16 (0.40)	0.23 (0.48)	0.33 (0.58)	0.20 (0.45)	0.21 (0.46)	0.31 (0.56)	0.25 (0.50)	0.23 (0.48)	0.38 (0.62)	0.26 (0.51)	0.28 (0.53)	0.26 (0.51)	0.36 (0.60)	0.28 (0.53)	0.44 (0.66)	0.41 (0.64)	0.40 (0.63)	0.27 (0.52)	0.31 (0.56)
MÓDULO-2	0.08 (0.28)	0.04 (0.20)	0.15 (0.39)	0.11 (0.33)	0.13 (0.36)	0.11 (0.33)	0.23 (0.48)	0.19 (0.44)	0.13 (0.36)	0.18 (0.42)	0.15 (0.39)	0.14 (0.37)	0.24 (0.49)	0.21 (0.46)	0.20 (0.45)	0.19 (0.44)	0.15 (0.39)	0.16 (0.40)	0.16 (0.40)	0.15 (0.39)
MÓDULO-3	0.20 (0.45)	0.15 (0.39)	0.23 (0.48)	0.20 (0.45)	0.30 (0.55)	0.24 (0.49)	0.58 (0.76)	0.41 (0.64)	0.38 (0.62)	0.65 (0.81)	0.63 (0.79)	0.70 (0.84)	0.21 (0.46)	0.35 (0.59)	0.45 (0.67)	0.61 (0.78)	0.61 (0.78)	0.59 (0.77)	0.40 (0.63)	0.43 (0.66)
MÓDULO-4	0.16 (0.40)	0.11 (0.33)	0.16 (0.40)	0.21 (0.46)	0.15 (0.39)	0.20 (0.45)	0.28 (0.53)	0.26 (0.51)	0.19 (0.44)	0.16 (0.40)	0.24 (0.49)	0.38 (0.62)	0.13 (0.36)	0.11 (0.33)	0.28 (0.53)	0.30 (0.55)	0.21 (0.46)	0.14 (0.37)	0.20 (0.45)	0.21 (0.46)
UTC	0.25 (0.50)	0.25 (0.50)	0.68 (0.83)	0.55 (0.74)	0.66 (0.81)	0.56 (0.75)	0.65 (0.81)	0.50 (0.71)	0.86 (0.93)	0.59 (0.77)	0.84 (0.92)	0.74 (0.86)	0.86 (0.93)	0.69 (0.83)	0.81 (0.90)	0.73 (0.85)	0.73 (0.85)	0.79 (0.89)	0.70 (0.84)	0.60 (0.78)
S.Em±	0.05	0.08	0.08	0.06	0.09	0.07	0.15	0.11	0.08	0.11	0.13	0.08	0.10	0.14	0.09	0.12	0.13	0.07	0.09	0.11
CD (0,05)	0.18	0.25	0.23	0.19	0.28	0.21	0.46	0.33	0.23	0.36	0.40	0.25	0.27	0.35	0.30	0.35	0.40	0.22	0.16	0.56
CV (%)	9.98	1.64	2.84	4.73	3.58	5.51	3.41	2.67	1.28	5.69	1.60	3.82	1.71	5.74	4.04	4.65	3.36	3.40	1.81	1.47

a = Predadores coccinelídeos; b = Complexo de aranhas; WAS = Semanas após a sementeira; UTC = Controlo não tratado.

*Os dados entre parênteses são valores transformados $\sqrt{n} + 0,5$.

Quadro 16: Impacto dos diferentes módulos na prevalência da fauna predadora no ecossistema

do quiabo durante a estação *pré-kharif* de 2015 (fevereiro a maio).

Tratamentos	Número de predadores por planta																			
	4 WAS		5 LAVAGEM		6 WAS		7 WAS		8 WAS		9 WAS		10 WAS		11 WAS		12 WAS		Média global	
	a	b	a	b	a	b	a	b	a	b	a	b	a	b	a	b	a	b	a	b
MÓDULO-1	0.08 (0.28)*	0.09 (0.30)	0.14 (0.37)	0.26 (0.51)	0.13 (0.36)	0.16 (0.40)	0.24 (0.49)	0.20 (0.45)	0.23 (0.48)	0.39 (0.63)	0.24 (0.49)	0.23 (0.48)	0.23 (0.48)	0.30 (0.55)	0.25 (0.50)	0.36 (0.60)	0.28 (0.53)	0.21 (0.46)	0.20 (0.45)	0.24 (0.49)
MÓDULO-2	0.04 (0.20)	0.03 (0.17)	0.15 (0.39)	0.09 (0.30)	0.08 (0.28)	0.08 (0.28)	0.19 (0.44)	0.14 (0.37)	0.11 (0.33)	0.15 (0.39)	0.08 (0.28)	0.11 (0.33)	0.14 (0.38)	0.11 (0.33)	0.11 (0.33)	0.10 (0.32)	0.11 (0.33)	0.15 (0.39)	0.11 (0.33)	0.11 (0.33)
MÓDULO-3	0.15 (0.39)	0.21 (0.46)	0.18 (0.42)	0.15 (0.39)	0.19 (0.44)	0.19 (0.44)	0.55 (0.74)	0.31 (0.56)	0.36 (0.60)	0.50 (0.71)	0.51 (0.71)	0.53 (0.73)	0.19 (0.44)	0.18 (0.42)	0.35 (0.59)	0.43 (0.66)	0.36 (0.60)	0.29 (0.54)	0.32 (0.57)	0.31 (0.56)
MÓDULO-4	0.14 (0.37)	0.09 (0.30)	0.14 (0.37)	0.18 (0.42)	0.14 (0.37)	0.18 (0.42)	0.30 (0.55)	0.23 (0.48)	0.20 (0.45)	0.10 (0.32)	0.20 (0.45)	0.24 (0.49)	0.10 (0.32)	0.11 (0.33)	0.19 (0.44)	0.23 (0.48)	0.15 (0.39)	0.10 (0.32)	0.17 (0.41)	0.16 (0.40)
UTC	0.28 (0.53)	0.28 (0.53)	0.49 (0.70)	0.45 (0.67)	0.63 (0.79)	0.39 (0.63)	0.58 (0.76)	0.44 (0.66)	0.79 (0.89)	0.58 (0.76)	0.84 (0.92)	0.66 (0.81)	0.68 (0.83)	0.60 (0.78)	0.60 (0.78)	0.65 (0.81)	0.55 (0.74)	0.51 (0.71)	0.60 (0.78)	0.51 (0.71)
S.Em±	0.03	0.03	0.52	0.09	0.06	0.10	0.25	0.08	0.19	0.63	0.05	0.08	0.06	0.32	0.09	1.02	0.52	0.07	0.08	0.23
CD (0,05)	0.12	0.20	1.23	1.00	0.35	0.77	1.50	0.45	1.11	1.32	0.16	0.54	1.21	1.17	1.10	1.79	0.92	0.39	0.15	0.41
CV (%)	2.50	2.72	3.90	2.83	3.18	2.53	4.91	2.30	3.06	2.87	3.07	2.63	3.09	2.55	3.52	4.30	3.67	3.22	1.10	1.56

a = Predadores coccinelídeos; b = Complexo de aranhas; WAS = Semanas após a sementeira; UTC = Controlo não tratado.

*Os dados entre parênteses são valores transformados $\sqrt{n} + 0{,}5$.

Tabela 17: Rendimento de frutos tenros comercializáveis e economia empregue em diferentes módulos de quiabo cultivado juntamente com feijão de cacho como cultura armadilha durante a estação *pré-kharif* de 2015 (fevereiro a maio).

Tratamentos	Rendimento médio de frutos comercializáveis tenros (toneladas/ha)	Rendimento bruto (Rs./ ha)	Custo total do cultivo, incluindo produtos químicos e mão de obra (Rs./ ha)	Rendimento líquido (Rs./ ha)	Lucro líquido sobre o controlo não tratado (Rs./ ha)	Incremental CosfRácio de benefício
MÓDULO-1	10.55	158250.00	25720.00	132530.00	47700.00	1: 1.86
MÓDULO-2	9.64	144600.00	20560.00	124040.00	39210.00	1: 1.91
MÓDULO-3	15.83	237450.00	24480.00	212970.00	128140.00	1: 5.23
MÓDULO-4	12.62	189300.00	21650.00	167650.00	82820.00	1: 3.83
UTC	6.39	95850.00	11020.00	84830.00	-	-
S.Em±	0.56	-	-	-	-	-
CD (0,05)	2.29	-	-	-	-	-
CV (%)	4.80	-	-	-	-	-

Custo do fruto comercializável tenro = 15,00 Rs. por kg

A mão de obra custa 220,00 rúpias por homem e por dia; a pulverização custa 150,00 rúpias por pulverizador e por dia.

Quadro 18: Rendimento de frutos tenros comercializáveis e economia empregue em diferentes módulos de quiabo durante a época *pré-kharif* de 2015 (fevereiro a maio).

Tratamentos	Rendimento médio de frutos comercializáveis tenros (toneladas/ha)	Rendimento bruto (Rs./ ha)	Custo total do cultivo, incluindo produtos químicos e mão de obra (Rs./ ha)	Rendimento líquido (Rs./ ha)	Lucro líquido sobre o controlo não tratado (Rs./ ha)	Rácio custo/benefício incremental
MÓDULO-1	8.86	132900.00	25720.00	107180.00	43200.00	1: 1.68

MÓDULO-2	8.05	120750.00	20560.00	100190.00	36210.00	1: 1.76
MÓDULO-3	13.69	205350.00	24480.00	180870.00	116890.00	1: 4.77
MÓDULO-4	10.13	151950.00	21650.00	130300.00	66320.00	1: 3.06
UTC	5.00	75000.00	11020.00	63980.00	-	-
S.Em±	0.19	-	-	-	-	-
CD (0,05)	1.20	-	-	-	-	-
CV (%)	3.16	-	-	-	-	-

Custo do fruto comercializável tenro = 15,00 Rs. por kg

A mão de obra custa 220,00 rúpias por homem e por dia; a pulverização custa 150,00 rúpias por pulverizador e por dia.

Verma *et al.* (2014) tentaram diferentes módulos IPM contra o jassid do algodão no quiabo, dos quais o Módulo-1 (tratamento de sementes com tiametoxam 70 WS @ 3 g / kg de sementes, pulverização foliar de imidaclopride 200 SL @ 0.3 ml/l aos 40 dias após a semeadura (DAS), pulverização foliar de spinosad 45 SC @ 0,3 ml/l aos 50 DAS, pulverização foliar de benzoato de emamectina 25 WG @ 0,4g/l aos 70 DAS e pulverização foliar de spinosad 45 SC @ 0,3ml/l aos 80 DAS) foi superior com maior rendimento de sementes (9,91 q/ ha). As descobertas de Jakhar (2014) dão mais apoio às descobertas do presente autor que também registou a combinação de neem e módulo inseticida muito eficaz no aumento do rendimento do quiabo e maior relação custo-benefício.

4.3.9 Parâmetros morfológicos:

A tabela 19 e a tabela 20 revelaram os parâmetros morfológicos do quiabo em diferentes módulos aos 90 DAS cultivados na presença e ausência de feijão de cacho, respetivamente, durante 2015. O comprimento médio dos rebentos foi mais elevado no Módulo-3 (146,83 cm), estatisticamente igual ao do Módulo-1 (136,17 cm) (quadro 19). Da mesma forma, o Módulo-3, seguido do Módulo-1, registou maior comprimento da raiz e perímetro do caule (32,24 cm, 23,37 mm e 29,05 cm, 21,91 mm), seguido do Módulo-4 e do Módulo-2, estatisticamente iguais. Tendência semelhante também foi observada no caso do peso da matéria seca.

O número de frutos tenros comercializáveis por planta diferiu entre os módulos. Foi mais elevado (14,44 por planta) no Módulo-3, seguido do Módulo-4 (12,48 por planta) e do Módulo-1 (10,90 por planta). O módulo-2 registou os valores mais baixos em todos os aspectos dos parâmetros morfológicos da planta (figura 7).

O quadro 20 mostra resultados semelhantes das características morfológicas do quiabeiro quando é cultivado apenas na ausência de feijão de cacho.

Tabela 19: Parâmetros morfológicos do quiabo em diferentes módulos aos 90 dias após a sementeira, cultivado juntamente com o feijão de cacho durante a época de cultivo *pré-kharif* de 2015 (fevereiro a maio).

Tratamentos	Parâmetros morfológicos						
	Comprimento do rebento	Comprimento da raiz (cm)	Perímetro do caule	Peso da matéria seca (g)			N.º de frutos comercializáveis por
				Folha	Atirar	Raiz	

	(cm)		(mm)				planta
MÓDULO- 1	136.17	29.05	21.91	9.39	22.83	3.98	10.90
MÓDULO- 2	109.86	23.64	17.48	7.77	17.21	1.79	7.53
MÓDULO- 3	146.83	32.24	23.37	9.82	23.10	4.23	14.44
MÓDULO- 4	118.96	24.90	18.24	7.36	16.27	2.04	12.48
UTC	118.43	22.37	18.35	7.39	14.91	1.97	5.42
S.Em±	4.27	0.73	1.46	0.92	1.56	0.91	1.17
CD (0,05)	5.17	2.25	4.48	2.84	4.81	2.83	3.61
CV (%)	6.88	5.52	5.64	4.17	6.55	5.75	3.93

UTC = Controlo não tratado

Tabela 20: Parâmetros morfológicos da cultura do quiabo em diferentes módulos aos 90 dias após a sementeira durante a época de cultivo *pré-kharif* de 2015 (fevereiro a maio).

Tratamentos	Parâmetros morfológicos						
	Comprimento do rebento (cm)	Comprimento da raiz (cm)	Perímetro do caule (mm)	Peso da matéria seca (g)			N.º de frutos comercializáveis por planta
				Folha	Atirar	Raiz	
MÓDULO- 1	135.15	27.69	20.82	10.14	22.74	3.97	10.06
MÓDULO- 2	111.86	23.28	17.58	7.88	16.29	2.86	7.01
MÓDULO- 3	141.78	31.10	22.74	9.75	22.82	3.99	13.76
MÓDULO- 4	115.63	25.21	18.35	7.09	15.33	2.38	12.95
UTC	107.01	21.88	18.10	7.74	14.34	2.06	5.09
S.Em±	3.21	0.80	1.56	0.74	0.55	0.68	1.52
CD (0,05)	4.96	3.52	3.22	1.33	3.30	2.63	2.99
CV (%)	7.30	6.39	4.30	5.17	5.91	4.82	5.06

UTC = Controlo não tratado

RESUMO E CONCLUSÃO

As investigações foram realizadas durante a primavera-verão de 2015 (fevereiro-maio) na Quinta de Instrução Jaguli e na Estação de Investigação em Horticultura de Bidhan Chandra Krishi Viswavidyalaya localizada em Mohanpur, Distrito de Nadia, Bengala Ocidental para estudar a (a) abundância/prevalência sazonal de pragas chatas e sugadoras de quiabos, (b) a influência dos parâmetros meteorológicos e (c) a eficácia no terreno de diferentes módulos de gestão de pragas contra insectos no quiabeiro e o seu impacto nos inimigos naturais prevalecentes. Os principais resultados das presentes investigações são resumidos a seguir.

Os jassídeos apareceram pela primeira vez em 4th WAS (9,11 ± 6,68) e o seu pico populacional foi atingido quando a cultura se encontrava na fase vegetativa ativa. A população de jassídeos diminuiu depois até ao fim da cultura (12th WAS).

A população de cigarrinhas teve uma relação negativa e significativa com a temperatura (máxima e mínima). Assim, as mesmas interacções (negativas e significativas) também foram registadas no caso da hora de sol, o que significa que uma hora de sol prolongada teve um impacto negativo na população de jassídeos. A humidade relativa matinal e vespertina e a precipitação também tiveram uma correlação significativa com a população de jassídeos.

A população mais baixa de mosca branca (0,83 ± 0,47) foi registada em 4th WAS e a população mais alta (3,35 ± 3,70) durante 12th WAS. A temperatura (máx.) tem uma influência profunda na formação da população de mosca branca como cigarrinha. A população mínima da broca do rebento e do fruto foi encontrada em 4th WAS com um aumento gradual até 6th WAS, atingindo o pico durante 7th WAS; depois um declínio até 12th WAS. Do mesmo modo, a população mais elevada de *Helicoverpa armigera* foi registada em 9th WAS, enquanto a população de rolos de folhas começou a aparecer desde o início da observação. A população de coccinelídeos e aranhas, embora presente no campo em número variável, registou o valor mais elevado em 12th WAS.

A temperatura (min.) e a humidade relativa (RH) têm uma correlação positiva altamente significativa, enquanto que a hora de sol tem uma correlação negativa mas significativa.

O presente estudo foi efectuado em dois locais diferentes, a cerca de 3 km de distância, na presença e na ausência de feijão-de-corda (*Cyamopsis tetragonoloba* L.), que é conhecido por albergar um bom número de inimigos naturais. Os resultados mostraram que a carga de pragas (sucção e mastigação) foi significativamente menor em relação à boa prevalência de inimigos naturais.

A observação mostra que a percentagem média de redução da população de cigarrinhas em relação à testemunha não tratada foi mais elevada no Módulo-3 (59,97%), seguida do Módulo-4 (45,81%), estatisticamente ao mesmo nível do Módulo-2 (41,40%). No caso da mosca-branca, o Módulo-3 registou o menor número de moscas-brancas (1,92/folha) seguido do Módulo-2; enquanto que o Módulo-1 registou uma população mais elevada em todas as observações, indicando o módulo menos eficaz quando o quiabeiro foi cultivado na presença de feijão de cacho. Tendência semelhante de eficácia dos diferentes módulos também foi observada quando o quiabeiro foi cultivado na ausência de feijão de cacho, mas a carga de pragas foi muito maior neste caso.

A população de rolos de folhas em diferentes intervalos de semanas, ou seja, 5, 7 e 9, foi menor no Módulo-2 (0,00, 0,00 e 0,04 larvas/planta, respetivamente) e foram iguais ao Módulo-3 em todas as observações (0,06, 0,04 e 0,00 larvas/planta, respetivamente). Os dados médios sobre a densidade de larvas em ordem decrescente foram Módulo-3 = Módulo-2 > Módulo-1 > Módulo-4. Curiosamente, a densidade da população de larvas foi baixa no primeiro local (na presença de feijão de cacho), uma vez que a maior parte da população de rolos de folhas foi atraída e apanhada pelo feijão de cacho.

O módulo-2 registou a maior percentagem média de danos nos rebentos (3,17%), seguido do módulo-1 (2,95%), que foi estatisticamente igual ao módulo-4 (2,60%). Já o Módulo-3 apresentou a menor média de infestação de brotos por *Earias vitella* (1,51%) quando o quiabeiro foi semeado junto com o feijão-caupi. No Módulo-4, foi registada a população média mais baixa de *Helicoverpa armigera* (0,16 larvas/planta), estatisticamente ao mesmo nível que no Módulo-3 (0,17 larvas/planta). Curiosamente, o Módulo-1 e o Módulo-2 registaram uma população média de larvas semelhante (0,23 larvas/planta) quando cultivados na presença de feijão de cacho. Mas, na ausência de feijão, o Módulo-3 foi o mais eficaz na redução da população larvar de *Helicoverpa armigera.*

A percentagem de danos nos frutos variou entre 1,37-7,25%, com o valor médio de 2,94% no Módulo-3, que se revelou superior entre os módulos testados e diferiu significativamente entre si na presença de feijão de cacho. Por outro lado, o Módulo-1 registou a percentagem mais elevada de danos médios nos frutos (8,08%), variando entre 2,50% e 25,17%, o que se revelou estatisticamente igual ao Módulo-2.

O número médio mais elevado de coccinelídeos e aranhas foi encontrado no Módulo-3 (0,40 e 0,43 por planta, respetivamente), seguido do Módulo-1 (0,27 e 0,31 por planta, respetivamente), estatisticamente igual ao do Módulo-4 (0,20 e 0,21 por planta, respetivamente), quando cultivado em associação com o feijão-de-corda. A população de inimigos naturais (tanto os coccinelídeos como as aranhas) foi mais numerosa em diferentes módulos, incluindo o controlo sem tratamento, onde a cultura de quiabo foi cultivada juntamente com o feijão de cacho, uma vez que a flor do feijão de cacho atrai diferentes populações de predadores no campo.

O maior rendimento de frutos tenros comercializáveis foi encontrado no Módulo-3 (15,83 t/ha) seguido pelo Módulo-4 (12,62 t/ha) enquanto que o menor rendimento (9,64 t/ha) foi registado no

Módulo-2. Uma tendência semelhante de rendimento também foi observada no segundo local, mas foi comparativamente menor em todos os módulos do que no primeiro local. A relação custo-benefício incremental foi mais elevada no caso do Módulo-3 (1: 5,23), seguido do Módulo-4 (1: 3,83) na presença de feijão de cacho, enquanto que, na sua ausência, o Módulo-3 e o Módulo-4 registaram 1: 4,77 e 1: 3,06 de relação custo-benefício, respetivamente.

O Módulo-3, seguido do Módulo-1, foi superior em parâmetros morfológicos como o comprimento do rebento, o comprimento da raiz, a circunferência do caule e o peso da matéria seca da cultura do quiabo, ao passo que o número de frutos tenros comercializáveis por planta foi mais elevado (14,44 por planta) no Módulo-3, seguido do Módulo-4 (12,48 por planta) e do Módulo-1 (10,90 por planta). O módulo-2 registou os valores mais baixos em todos os aspectos dos parâmetros morfológicos da planta.

Até agora, a literatura revela que, atualmente, estamos a caminho da certificação biológica de diferentes culturas hortícolas. Para o conseguir, devemos ser muito racionais na utilização de diferentes programas de gestão. A gestão bio-intensiva de pragas é hoje em dia um tema de grande interesse em todo o mundo. Um país em desenvolvimento como o nosso precisa de ser racional na utilização da economia dos pequenos agricultores e dos agricultores marginais. A conservação dos inimigos naturais predominantes através de diferentes formas é de importância primordial na agricultura moderna. É sabido que as plantas da família Umbeliferae, Asteraceae, Euphorbiaceae, albergam uma fauna de inimigos naturais. No segundo conjunto de experiências, o feijão-caupi foi semeado à parte, numa faixa que albergava uma boa quantidade de inimigos naturais, em comparação com uma menor carga de pragas na cultura principal. A análise da literatura disponível revelou que o extrato etanólico de pétalas de flores de feijão de cacho atrai mais inimigos naturais. Assim, este estudo mostrou uma comparação clara entre o papel do feijão de cacho e a incidência de pragas do quiabo e a sua gestão.

ÂMBITO FUTURO DA INVESTIGAÇÃO

A presente investigação em questão reflecte que os jassídeos do quiabeiro (*Amrasca biguttula biguttula* Ishida), a broca do rebento e do fruto (*Earias vitella* Fab.), a mosca branca (*Bemisia tabaci* Gen.), a broca da vagem da grama (*Helicoverpa armigera* Hub.) e o rolo da folha (*Sylepta derogata* Fab.) são realmente um problema sério para os produtores de quiabo, nas planícies aluviais do Ganges de Bengala Ocidental. No cenário atual, é necessário muito trabalho para desenvolver um modelo sustentável e amigo do ambiente para combater o problema das pragas na cultura do quiabo em diferentes zonas agro-climáticas. Os diferentes aspectos que podem ser investigados mais profundamente incluem

> As experiências deverão ser repetidas durante três épocas consecutivas para confirmação dos resultados actuais.

> Deve ser efectuado um trabalho pormenorizado sobre as plantas hospedeiras alternativas de *A. biguttula biguttula* e *E. vitella* para excluir a sua presença, que desempenha um papel importante no controlo desta praga durante a época baixa.

> O efeito dos factores abióticos na população de *A. biguttula biguttula* e *E. vitella* deve ser estudado em diferentes regiões agro-climáticas e em diferentes estações do ano durante o período de cultivo.

> O mecanismo de dispersão e o modo de dispersão adequados têm de ser investigados.

> A incidência sazonal de jassídeos do quiabeiro e da broca do fruto e do rebento nas culturas de quiabeiro em MÓDULOS e a extensão da perda de rendimento devem ser estimadas para três épocas consecutivas para uma conclusão adequada.

> Módulo-3 (torta de neem na preparação final da terra @ 240 kg/ha, flonicamid @ 0,4 g/l (3 WAS), neemazol TS @ 2 ml/l (4 WAS), dinotefuran @ 0,3 g/l (5 WAS), flubendiamide @ 0,3 ml/l (6 WAS), chlorfluazuron @ 1 ml/l (8 WAS), emamectin benzoate @ 0.5 g/l (10 WAS) foi considerado o protocolo mais promissor no cultivo de quiabo sob boas práticas agrícolas de Bengala Ocidental, que atribuiu menor incidência de pragas seguida de maior rendimento. Por conseguinte, este programa/módulo deve ser transmitido aos produtores de quiabeiro através de experiências de demonstração de resultados em diferentes locais. Isto, por sua vez, ajudará os agricultores a aceitar o módulo proposto.

> Os agricultores costumavam despejar grandes quantidades de insecticidas no quiabo através de

pulverizações em dias alternados no início da colheita, aos 45th dias após a sementeira, o que deve ser minimizado através da adaptação do modelo bem sucedido aqui apresentado.

> A toxicidade dos insecticidas não visados, como parte integrante dos diferentes módulos do presente estudo, deve ser avaliada noutros grupos de beneficiários/defensores e noutras culturas.

LITERATURA CITADA

Abbas, G. e Farhan, M. 2013. Eficácia dos novos pesticidas químicos na população de ninfas e adultos da mosca branca *Bemisia tabaci* Gen. e seu efeito na fauna benéfica naturalmente existente do algodão em Punjab, Paquistão. *International J. Sci. Res.*, 4(10): 421-426.

Acharya, S., Mishra, H.P. e Dash, D. 2002. Eficácia dos insecticidas contra o jassid do quiabeiro, *Amrasca biguttula biguttula* Ishida. *Ann. Pl. Prot. Sci.*, 10(2): 230-232.

Adilakshmi, A., Korat, D.M. e Vaishnav, P.R. 2008. Bio-eficácia de alguns insecticidas botânicos contra pragas do quiabeiro. *Karnataka J. Agric. Sci.*, 21(2): 290-292.

Afzal, M., Babar, M.H., Haq, I.U. e Iqbal, Z. 2014. Bioeficácia de novos insecticidas contra a mosca branca, *Bemisia tabaci* (Genn.) no algodão, Bt-121. *Pakistan J. Nutrition*, 13(6): 340343.

Ahmad, F., Iqbal, Z., Amjad, M., Zia, K., Ghani, H., Babar, S.H., Mehmood, K e Ahmad, A. 1997. Injudicious use of insecticides on vegetables. *Pak. Ent.*, 19: 44-48.

Ahmad, S., Gupta, S.C., Prakash, N. e Mandal, S.K. 2000. Factores climáticos e população larvar de *Earias vittella* Fabr. em quiabos semeados no verão (*Abelmoschus esculentus* L.). *J. Res. Birsa Agric. Univ.*, 12(2): 215-217.

Ahmed, S., Rasool, M.R., Irfanullah e Rauf, I. 2004. Eficácia comparativa de alguns insecticidas contra *Helicoverpa armigera* Hub. e *Spodoptera* spp. no tabaco. *International J. Agric. Bio.*, 6(1): 93-95.

Akbar, M.F., Haq, M.A., Rana, H.U. e Khan, M.F.U. 2015. Papel dos insecticidas bio-racionais no controlo de *Amrasca devastans* Dist. na cultura de *Solanum melongena* L.. *Int. J. Biol. Biotech.*, 12(3): 401-406.

Ali, S., Khan, M.A., Habib, A., Rasheed, S. e Iftikhar, Y. 2005. Gestão da doença do mosaico das nervuras amarelas do quiabeiro através de pesticidas/biopesticidas e de cultivares adequadas. *International J. Agric. Biol.* 7(1): 145-147.

Ambekar, J.S., Pawar, A.S. e Sakhare, M.V. 2000. Bio-eficácia de certos produtos de nim contra a broca do fruto do quiabeiro. *J. Maharashtra Agric. Univ.*, 25(1): 42-43.

Ameta, O.P. e Bunker, G.K. 2007. Eficácia da flubendiamida contra a broca do fruto, *Helicoverpa armigera,* no tomateiro, com segurança para os inimigos naturais. *Indian J. Pl. Prot.*, 35(2): 235-237.

Ameta, O.P., Sharma, U.S. e Jeengar, K.L. 2011. Eficácia da flubendiamida 480 SC contra as brocas das vagens, *Helicoverpa armigera* (Hubner) e *Maruca testulalis* (L.) no feijão-frade. *Indian J.*

Entomol, 73(3): 191-195.

Ananthakrishnan, T. V. 1971. Thrips (Thysanoptera) in Agriculture, Horticulture and Forestrydiagnosis, bionomics and control. *J. Sci. Industry Res.*, 30(3): 113-146.

Anitha, K.R e Nandihalli, B.S. 2008. Incidência sazonal de pragas sugadoras no ecossistema do quiabo. *Karnataka J. Agric. Sci.*, 21(1):137-138.

Anónimo, 1978. Package of Practices for Kharif Crops of Himachal Pradesh, Himachal Pradesh Krishi Viswavidyalaya, Palampur.

Anónimo, 1983. Package of Practices for kharif Crops of Punjab, Punjab Agric. Univ., Ludhiana.

Anónimo, 2013. Indian Horticultural Data Base, 2013, National Horticulture Board, Ministry of Agriculture, Govt. of India. *pp*. 158-159.

Babu, T. R. e Azam, K. M. 1982. Eficácia relativa de certos novos piretróides sintéticos contra o complexo de pragas de bhindi. *Indian J. Pl. Prot.*, 9(1):13-18.

Badiyala, A. 2011. Incidência sazonal e gestão do rolo compressor do algodão *Sylepta derogata* (Fabricius) que infesta o quiabo em Himachal Pradesh, Índia. *SAARC-J. Agric.*, 9(2): 53-64.

Bairwa, D.K., Kanwat, P.M. e Kumawat, K.C. 2005. Efeito das datas de sementeira na incidência de jassídeos, moscas brancas e brocas do quiabeiro. *Ann. Agric. Res.*, 26(3): 458-459.

Bajya, D.R., Baheti, H.S. e Raza, S.K. 2013. Eficácia de campo do tiametoxame 75% SG contra as principais pragas sugadoras de algodão e efeito sobre os inimigos naturais. *Pestologia*, 1: 46-50.

Balakrishnan, N., Baskaran, M. R. K. e Mahadevan, N. R. 2004. Eficácia de *Trichogramma chilonis* Ishii em combinação com biopesticidas contra *Helicoverpa armigera* (Hubner) no ecossistema de algodão de sequeiro. *J. Biol. Cont.*, 18(2):121-128.

Bansode, A.G., Patil, C.S. e Jadhav, S.S. 2015. Eficácia dos insecticidas contra a broca de rebentos e frutos, *Earias vittella* F. infestando o quiabo. *Pest Manag. Hort. Ecosystem*, 21(1): 106-109.

Barwal, R. N. e Rao, N. S. 1988. Comparative toxicity of insecticides to meloid beetles, *Mylabris phalerata* (Pallas) and *Epicauta* sp. (Coleoptera: Meloidae). *Pestic.*, 22(4): 79.

Baskaran, R.K.M. 2013. Atividade aprimorada de *Trichogramma chilonis* e *Chrysoperla carnea* em ovos de *Earias vittella* e *Helicoverpa armigera* através da atividade kairomônica de extratos de acetona de clusterbean. *Ann. Pl. Prot. Sci.*, 21(1): 50-52.

Begum, K.R., Patil, S. e Mohite, P. 2016. Avaliação de novas moléculas de insecticidas contra o complexo de pragas sugadoras que infestam o quiabo. *Indian J. Appl. Res.*, 6(2): 30-34.

Bhalala, M.K., Patel, B.H., Patel, J.J., Bhatt, H.V. e Maghodia, A.B. 2006. Bioeficácia do

Thiomethoxam 25 WG e de vários insecticidas recomendados contra o complexo de pragas sugadoras do quiabeiro (*Abelmoschus esculentus* (L.) Moench). *Indian J. Entomol*, 68(3): 293-295.

Bharpoda, T.M., Patel, N.B., Thumar, R.K., Bhatt, N.A., Ghetiya, L.V., Patel, H.C. e Borad, P.K. 2014. Avaliação de insecticidas contra pragas de insectos sugadores que infestam o algodão Bt BG-ii. *The Bioscan*, 9(3): 977-980.

Bindra, O.S. e M.S. Mahal. 1981. Resistência varietal da planta do ovo (*Solanum melongena*) ao jassídeo do algodão (*A. biguttula biguttula). Phytoparasitica*, 9: 119-131.

Biswas, N.K., Nath, P.S., Das. S., De, B.K. e Bhattacharyya, I. 2008. Seleção no terreno de diferentes variedades/linhas de bhendi [*Abelmoschus esculentus* (L.) Moench] contra a doença do vírus do mosaico das nervuras amarelas em Bengala Ocidental. *Res. on Crops*, 9(2): 342-344.

Borad, V. K., Puri, S. N., Brown, J. K. e Butler, G. D. Jr. 1993. Relação entre a densidade populacional de *Bemisia tabaci* e a incidência da doença do mosaico das nervuras amarelas no quiabeiro. *Pest Manag. Econ. Zool.*, 1: 14- 19.

Borkar, S.L., Sarode, S.V. e Bisane, K.D. 2013. Toxicidade persistente de botânicos e biopesticidas contra *Helicoverpa armigera* (Hubner) no algodão. *Indian J. Entomol.*, 75(2): 154-156.

Butani, D. K. e Verma, S. 1976. Insectos pragas de produtos hortícolas e seu controlo 3: dedo de moça. *Pestic.*, 10(7): 31-37.

Chakraborty, S. e Pahari, A.K. 2002. Estudos sobre o controlo de pragas importantes do quiabeiro por Lannate 40 SP. *Pestis. Res. J.*, 14(1): 100-106.

Chandi, R.S. e Kaur, A. 2015. Gerir a ameaça dos afídeos no aipo. *International J. Adv. Res. Biol. Sci.*, 2(10): 16-20.

Chaudhary, H. R. e Dadheech, L. N. 1989. Incidência de insectos que atacam o quiabeiro e as perdas evitáveis por eles causadas. *Ann. Arid Zone*, 28(3-4): 305-307.

Chauhan, D.V.S. 1972. Vegetable Production in India (3rd edn.), Ram Prasad and Sons, Agra.

Chinniah, C. e Ali, K. 2000. Eficácia relativa de insecticidas/acaricidas contra pragas sugadoras do quiabeiro. *Pest Manag. Econ. Zool.*, 8(2): 111-116.

Chowdary, L.R., Bheemanna, M. e Kumar, L.R. 2010. Eficácia de campo do rynaxypyr (coragen) 20 SC contra a broca do fruto e do rebento, *Earias vitella* (Fab.) no quiabeiro. *Inter. J. Pl. Prot.*, 3(2): 316-318.

Dabhi, M.V., Patel, H.M., Bharpoda, T.M. e Jhala, R.C. 2015. Bioeficácia do indoxacarb 15 EC contra a broca da vagem, *Helicoverpa armigera* (Hubner) hardwick infestando o feijão-guandu.

International J. Pl. Prot., 8(1): 65-68.

Das, G. e Islam, T. 2014. Eficácia relativa de alguns insecticidas mais recentes sobre a mortalidade de jassid e mosca branca em brinjal. *International J. Res. Biol. Sci.*, 4(3): 89-93.

Das, S., Ray, S. e Chatterjee, M.L. 2000. Eficácia de alguns novos insecticidas contra a infestação de *Earias vittella* (F.) no quiabeiro e análise custo-benefício. *Pest Manag. Econ. Zool.*, 8(1): 99-101.

Das, S.N., Ray, S. e Chatterjee, M.L. 2001. Bio-eficácia, benefício de rendimento e custo-eficácia de algumas novas moléculas contra a broca do quiabo (*Earias vitella* (F); Noctuidae; Lepidoptera). *J. Interacademicia*, 5(3): 346-351.

Devi, L.L., Ghule, T.M., Senapati, A.K. e Chatterjee, M.L. 2014. Eficácia comparativa de alguns insecticidas bioracionais para a gestão da broca de rebentos e frutos (*Earies vittella* Fab.) no quiabo. *Indian J. Appl. Res.*, 4(9): 7-10.

Dhaliwal, G. S. e Arora, R. 2003. Integrated Pest Management: Concepts and Approaches, Kalyani Publishers, New Delhi. 427p.

Dhamdhere, S. V., Bahadur, J. e Mishra, V. S. 1984. Estudos sobre a ocorrência e sucessão de pragas do quiabeiro em Gwalior. *Indian J. Pl. Prot.*, 12: 9-12.

Dhamdhere, S.V., Bahadur, J. e Mishra, V.S. 1985. Estudos sobre a ocorrência e a sucessão de pragas do quiabeiro em Gwalior. *Indian J. Pl. Prot.*, 12(1): 9-12.

Dhanalakshmi, D.N. e Mallapur, C.P. 2010. Avaliação de novas moléculas promissoras contra as brocas do fruto do quiabeiro. *International J. Pl. Prot.*, 3(2): 268-270.

Dhandapani, N., U.R. Shelkar e M. Murugan. 2003. Gestão bio-intensiva de pragas (BIPM) nas principais culturas hortícolas: uma perspetiva indiana. *Food Agric. Environ.*, 2: 333-339.

Dhankhar, B. S. 1997. Desenvolvimento de variedades de quiabo resistentes a stresses bióticos e abióticos. In: U. K. Kohli e B. N. Kala (eds.) Summer school on breeding for resistance to biotic and abiotic stresses in vegetable crops 21 de fevereiro - 3 de março de 1997, Solan (H.P.). *pp.* 79-82.

Dhankhar, B. S. e Mishra, J. P. 2001. Quiabo. In: S. Thamburaj e Narendra Singh (eds.) Textbook of Vegetables, Tuber Crops and Spices. ICAR, Nova Deli. *pp.* 222-237.

Dhingra, S., Walia, S., Kumar, J., Singh, S., Singh, G. e Parmar, B.S. 2008. Eficácia no terreno da azadiractina-A, tetrahidroazadiractina-A, NeemAzal e endosulfan contra as principais pragas do quiabeiro (*Abelmoschus esculentus*). *Pest Manag. Sci.*, 64(11): 1187-1194.

Dubey, V. K., Bhagat, K. P., Kaushik, U. K. e Yadu, Y. K. 1999. Estudos de sucessão de pragas de insectos no quiabeiro. *J. Appl. Zool. Res.*, 10(2): 144-145.

Eijaz, S., Khan, M.F., Mahmood, K., Shaukat, S. e Siddiqui, A.A. 2012. Eficácia de diferentes pesticidas organofosforados contra a alimentação de Jassid em quiabo (*Abelmoschus esculentus*). *J. Basic Appl. Sci.*, 8: 6-11.

Elek, J.A. 1994. Efeito do inibidor da síntese de quitina chlorfluazuron no desenvolvimento imaturo de *Rhyzopertha domonica* (F.) (Coleoptera: Bostrichidae). In: Proceedings of the 6th International Working Conference on Stored Product Protection- Volume 2. Camberra, Austrália, *pp*. 773-776.

Gaurkhede, A.S., Bhalkare, S.K., Sadawarte, A.K. e Undirwade, D.B. 2015. Bioeficácia de novas moléculas químicas contra pragas sugadoras de algodão transgénico Bt. *International J. Pl. Prot.*, 8(1): 7-12.

Gayen, A. K. 1975. Estudos sobre a persistência de alguns insecticidas contra o jassid, *Amrasca biguttula biguttula* (Ishida), uma importante praga do bhindi. *Entomologist Newsl.* 5(2): 16-17.

Ghelani, M.K., Kabaria, B.B. e Chhodavadia, S.K. 2014. Eficácia de campo de vários insecticidas contra as principais pragas sugadoras de algodão Bt. *J. Biopestis*, 7(Supp.): 27-32.

Ghosal, A., Chatterjee, M.L. e Bhattacharrya, A. 2013. Bioeficácia de neonicotinóides contra *Aphis gossypii* Glover de quiabo. *J. Crop Weed*, 9(2): 181-184.

Ghosh, A., Chatterjee, M. e Roy, A. 2011. Bioeficácia do spinosad 45 SC contra *Helicoverpa armigera* (Hubner) e seu efeito sobre os inimigos naturais do quiabeiro. *J. Insect Sci. Ludhiana*, 24(1): 24-27.

Ghosh, A., Samanta, A. e Chatterjee, M.L. 2014. Dinotefuran: Um inseticida neonicotinóide de terceira geração para a gestão da cigarrinha do arroz. *African J. Agril. Res.*, 9(8): 750-754.

Ghosh, J., Ghosh, S.K., Chatterjee, H e Senapati, S.K. 1999. Pest constraints of okra under Terai region of West Bengal. *Indian J. Entomol,* 61(4): 362-371.

Ghosh, S.K., Mandal, T. e Chakraborty, K. 2013. Eficácia dos insecticidas químicos e do óleo de Neem contra a mosca branca (*Bemisia tabaci* Genn.) que infesta o dedo-de-moça (*Abelmoschus esculentus* L.). *International J. Bioresource Stress Manag.*, 4(2): 348-351.

Gogoi, I. e Dutta, B.C. 2000. Abundância sazonal do jassídeo do algodão, *Amrasca biguttula biguttula* (Ishida) no quiabo. *J. Agric. Sci. Society of North East India,* 13(1): 22-26.

Gopalan, M., Venkatanarayana, V., Uthamasamy, S. e Subramaniam, T. R. 1974. Controlo das principais pragas de bhendi com insecticidas granulares sistémicos e pulverizações foliares. *South Indian Horticulture*, 22(3-4): 101-105.

Gosalwad, S.S. e Kawathekar, B.R. 2009. Eficácia dos insecticidas contra a broca do quiabo (*Earias vittella* Fabricius). *J. Pl. Prot. Environ.*, 6(2): 59-63.

Gosalwad, S.S. e Wadnerkar, D.W. 2009. Efeito dos insecticidas sobre a asa de renda verde e o besouro joaninha no quiabeiro (*Abelmoschus esculentus* L.) (Moench). *J. Pl. Prot. Environ.*, 6(1): 11-16.

Gosalwad, S.S., Kwathekar, B.R., Wadnerkar, D.W., Asewar, B.V. e Dhutraj, D.N. 2008. Bioeficácia de novos insecticidas contra pragas sugadoras do quiabeiro (*Abelmoschus esculentus* (L.) Moench). *J. Maharashtra Agric. Univ.*, 33(3): 343-346.

Govindan, K., Gunasekaran, K. e Kuttalam, S. 2012. Avaliação de campo do benzoato de emamectina 5 SG contra a broca do fruto do quiabo. *Madras Agril. J.*, 99(7/9): 597-600.

Govindan, K., Gunasekaran, K., Veeramani, K. e Kuttalam, S. 2013. Avaliação de campo e laboratório da compatibilidade biológica do benzoato de emamectina 5 SG com agroquímicos contra a broca do fruto do quiabo (*Helicoverpa armigera* Hubner). *Int. J. Pl. Animal. Sci.*, 1(8): 77-87.

Gowdar, S.B., Babu, H.N.R. e Reddy, N.A. 2007. Eficácia dos insecticidas contra o vírus do mosaico das nervuras amarelas do quiabeiro e o vetor da mosca branca, *Bemisia tabaci* (Guenn.). *Ann. Pl. Prot. Sci.*, 15(1): 116-119.

Gowri, S., Rao, G.R. e Nagalingam, B. 2002. Avaliação de algumas novas formulações de neem contra a broca do quiabo, *Earias vittella* (Fabricius) e o seu efeito no rendimento. *J. Entomol. Res.*, 26(3): 245-247.

Gupta, R. N. e Dhari, K. 1978. Avaliação de alguns insecticidas para o controlo da broca dos rebentos e dos frutos (*Earias* sp.) e do jassídeo (*Amrasca devastans* Distant) na cultura do quiabeiro de sequeiro. *Pestic.*, 12(11): 21-24.

Gupta, S. C. e Mishra, A. K. 2006. Gestão da broca do quiabeiro e da broca do fruto, *Earias vittella* Fab. através de insecticidas bio-racionais. *Pestic. Res. J.*, 18(1): 33-34.

Hasan, W., Ansari, M.S. e Ali, H. 2008. Padrão de distribuição da mosca branca, *Bemisia tabaci,* em condições naturais em cultivares de quiabeiro. *Entomon.*, 33(2): 113-117.

Hazra, P., Chattopadhyay, A., Karmakar, K. e Dutta, S. 2011. Modern Technology in Vegetable Production [Tecnologia moderna na produção de vegetais]. New India Publishing Agency. Pitam Pura, Nova Deli. *pp.* 370372.

Henderson, C. F. e Tilton, E. W. 1955. Testes com acaricidas contra o ácaro castanho do trigo. *J. Econ. Entomol.*, 48: 157-161.

Hirekurubar, R.B. e Ambekar, J.S. 2008. Bioeficácia de novos insecticidas contra a broca do fruto e do rebento do quiabeiro e o seu impacto nos inimigos naturais. *Crop Res. Hisar*, 36(1/3): 302307.

Hui, W.J., Zhen, H., Xiang, R.S. e Huiping, Z. 2008. Controlo de diferentes insecticidas no campo sobre a população de *Sylepta derogata*. *J. South China Agril. Univ.*, 29(2): 21-24.

Iqbal, J., Jajja, N.H., Jamil, M. e Hassan, M.W. 2014. Avaliação de campo da eficácia de insecticidas convencionais e reguladores de crescimento de insectos contra bollworms manchados, *Earias* spp. de algodão. *Pak. Entomol.*, 36(2): 97-104.

Iqbal, J., Ashfaq, M., Hasan, M. U., Sagheer, M. e Nadeem, M. 2010. Influência de factores abióticos na flutuação populacional do fungo *Amrasca biguttula biguttula* (Ishida) no quiabeiro. *Pakistan J. Zool*, 42(5): 615-621.

Iqbal, J., Nadeem, M., Assi, M.S., Fiaz, M.M. e Ul Hasan, M.W. 2013. Eficácia comparativa de alguns insecticidas contra pragas de insectos sugadores em mungbean, *Vigna radiata* (L.) Wilczek. *Gomal Univ. J. Res.*, 29(1): 31-37.

Jagtap, C.R., Shetgar, S.S. e Nalwandikar, P.K. 2008. Dinâmica populacional de Lepidópteros pragas do quiabeiro em relação a factores meteorológicos durante o verão. *J. Maharashtra Agril. Univ.*, 33(2): 201-203.

Jakhar, B.L. 2014. Desenvolvimento de módulos de manejo integrado de pragas (IPM) contra insetos-praga do quiabo em Gujarat. *Pestology*, 38(4): 58-63.

Janghel, M. 2015. Eficácia de biopesticidas contra o jassid, *Amrasca biguttula biguttula* em quiabo em Bhubaneswar, Odisha, Índia. *Plant Archives*, 15(2): 833-836.

Kabir, K. H., Roul, P. M. A., Islam, H. N. e Malakar, P. K. 1994. Eficácia de diferentes insecticidas no controlo da broca do rebento e do fruto do brinjal, *Leucinodes orbonalis* Guen. *J. Zool. Rajshahi Univ.*, 13: 1-8.

Kanwar, N. e Ameta, O.P. 2007. Avaliação das perdas causadas por insectos pragas do quiabeiro (*Abelmoschus esculentus*(L.) Moench). *Pestology*, 31 (6): 45-47.

Katti, P. e Surpur, S. 2015. Bioeficácia de campo da flubendiamida 480 SC contra a broca do fruto e do rebento do quiabo, *Earias vitella* (Fab.) durante a estação *Rabi*, 2012-13. *International J. Plant Protec.*, 8(2): 319-323.

Kaur, S. 2002. Gestão do jassid do algodão, *Amrasca biguttula biguttula* (Ishida) e do bollworm manchado, *Earias* spp. no quiabeiro. *Veg. Sci.*, 29: 172-175.

Khaire, V. A. e Naik, R. L. 1986. Eficácia de alguns piretróides sintéticos contra o complexo de pragas do quiabeiro. *South Indian Horticulture*, 34(2): 112-114.

Khatri, I., Shaikh, A.A., Sultana, R., Wagan, M.S. e Ahmed, Z. 2015. Efeito de alguns reguladores de crescimento de insectos contra a broca da vagem *Helicoverpa armigera* (Hb.) no grão-de-bico

Cicer arietinum (L.) em condições laboratoriais. *Pak. J. Zool.*, 46(6): 1537-1540.

Khattak, M.K., Rashid, M., Hussain, S.A.S. e Islam, T. 2006. Efeito comparativo do óleo de nim (*Azadirachta indica* A. Juss), extrato de água de sementes de nim e Baythroid TM contra mosca branca, jassídeos e tripes no algodão. *Pak. Entomol.*, 28(1): 31-37.

Kranthi, K.R., Naidu, S., Dhawad, C.S., Tatwawadi, A., Mate, K., Patil, E., Bharose, A.A., Behere, G.T., Wadaskar, R.M. e Kranthi, S. 2005. Temporal and intra-plant variability of Cry1Ac expression in *Bt-cotton* and its influence on the survival of the cotton bollworm, *Helicoverpa armigera* (Hübner) (Noctuidae: Lepidoptera). *Current Sci.*, 89(2): 291-298.

Krishnaiah, K. 1980. Metodologia para avaliar as perdas de culturas devido a pragas de produtos hortícolas. Avaliação das perdas de culturas devido a pragas e doenças. *Proc. do workshop, realizado de 19 a 30 de setembro de 1977 na University of Agric. Sci.*, Bangalore, *pp.* 259-267.

Krishnakumar, N. K. e Srinivasan, K. 1984a. Extensão do intervalo de pulverização com piretróides sintéticos para o controlo da broca do fruto, *Earias vittella* Fabricius, no quiabeiro. *Madras Agril. J.*, 71(7): 478-480.

Krishnamurthy, V. V. 1999. Monitorização de resíduos de pesticidas na água do canal do projeto Bhavani inferior. *Pestology*, 23(8): 34-35.

Kumar, B., Madan V.K., Kumar, R. e Kathpal, T.S. 2002. Monitoring of seasonal vegetables for pesticide residues (Monitorização de resíduos de pesticidas em produtos hortícolas sazonais). *Earth Environ Sci.*, 74 (3): 263-270.

Kumar, M. e Singh, A.K. 2001. Bioeficácia de insecticidas contra o jassídeo do algodão, *Amrasca biguttula biguttula* (Ishida), no quiabeiro. *Pest Manag. Econ. Zool.*, 9(1): 55-58.

Kumawat, R.L., Pareek, B.L e Meena, B L. 2000. Incidência sazonal de jassid e mosca branca no quiabeiro e sua correlação com factores abióticos. *Ann. Bio.*, 16(2): 167-169.

Lal, H., Mahal, M.S., Singh, R. e Singh, B. 1990. Influência da precipitação na formação da população de *Amrasca biguttula biguttula* (Ishida) no quiabeiro. *J. Insect Sci.*, 3(2): 169-171.

Lal, O. P. 1999. Uma incidência invulgarmente elevada do escaravelho da pulga, *Podogrica bowringi* Baly (Coleoptera: Chyrsomelidae) no quiabo no distrito de Uttarkashi do vale de Bhagirathi no Himalaia central (Índia). *J. Entomol. Res.*, 23(1): 85-87.

Lohar, M.K. 2001. Applied entomology, segunda edição, Kashif Publications, Hyderabad, *pp.* 3438.

Magar, S.J. e Nirmal, D.D. 2010. Influência da época de sementeira na incidência da doença do mosaico das nervuras amarelas, na população de moscas brancas e no rendimento do quiabeiro (*Abelmoschus esculentus* (L.) Moench. *Indian Phytopathol*, 63(1): 112-113.

Mahapatro, G. K. e Gupta, G. P. 1998. Pesticide induced resurgence. *Pestology*, 22(12): 1420.

Mahmood, T., Khokhar, K.M., Banaras, M. e Ashraf, M.1990. Efeito de factores ambientais na densidade do fungo *Amrasca devastans* (Distant) no quiabeiro. *Tropical Pest Manag.*, 36(3): 282-284.

Mandal, S. K., Sah, S. B. e Gupta, S. C. 2006b. Abordagens de gestão integrada baseadas no Neem para os insectos-praga do quiabeiro (*Abelmoschus esculentus* L. Moench). *International J. Agril. Sci.*, 2(2): 499-502.

Mandal, S. K., Sattar, A. and Gupta, S.C. 2006 a. Population dynamics of *Earias vittella* Fab. in okra as influenced by weather parameters in north Bihar. *J. Agrometeorol*, 8(2): 260265.

Mandal, S.K., Sah, S.B. e Gupta, S.C. 2006 c. Eficácia e economia de combinações de biopesticidas e insecticidas contra pragas do quiabeiro. *International J. Agric. Sci.*, 2(2): 377-380.

Mandal, S.K., Sah, S.B. and Gupta, S.C. 2007 b. Management of insect pests on okra with biopesticides and chemicals. *Ann. Pl. Prot. Sci.*, 15 (1): 87-91.

Mandal, S.K., Sattar, A Sah, S.B e Gupta, S.C. 2007a. Efeito das datas de sementeira no ataque de pragas a cultivares de quiabeiro. *Environ. Ecol.*, 25(2): 423-428.

Mandal, S.K., Sattar, A. and Gupta, S.C. 2006 d. Influence of meteorological parameters on the incidence of leaf hopper in okra at Pusa, Bihar. *J. Agrometeorol*, 8(1): 126-129.

Massoud, A., Derbalah, A., Shshtaway, H. e Sleem, F. 2014. Eficácia do metomil após a aplicação contra o verme da folha de algodão na soja e cinética de remoção de seus resíduos. *J. Env. Sci. Technol.*, 7(5): 294-304.

Maxwell-Lefroy, H. 1990. Indian Insect-Pests. Today and Tomorrow's Printers and Publishers, Nova Deli. 318p.

Meena, N.K., Meena, B.L. e Kanwat, P.M. 2010. Ocorrência sazonal da broca do rebento e do fruto no quiabeiro na região semi-árida do Rajastão. *Ann. Pl. Prot. Sci.*, 18(2): 504-506.

Mehrotra, K. N. 1990. Resistência aos piretróides na gestão de pragas: Indian Experience. *Pestic. Res. J.*, 2(1): 44-52.

Mehta, Y.R. 1959. Vegetable growing in Uttar Pradesh, Bureau of Agric. Inf., U.P., Lucknow.

Mishra, N.C. e Mishra, S.N. 2002. Impacto de biopesticidas em pragas de insectos e defensores do quiabeiro. *Indian J. Pl. Prot.,* 30 (1): 99-101.

Misra, H.P. 2002. Avaliação no terreno de alguns insecticidas mais recentes contra afídeos (*Aphis gossypii*) e jassídeos (*Amrasca biguttula biguttula*) no quiabeiro. *Indian J. Entomol,* 64(1): 80-84.

Misra, H.P. 2005. Eficácia de alguns insecticidas mais recentes contra a mosca branca, *Bemisia tabaci* Genn. que infesta o quiabo. *Orissa J. Hort.*, 33(2): 76-78.

Misra, H.P. 2009. Nova molécula inseticida mais segura para a gestão da cigarrinha do arroz, *Nilaparvata lugens* (Stal.). *Indian J. Entomol.*, 71(3): 232-235.

Misra, H.P. e Priya, B.S. 2007. Segurança de biopesticidas para quiabos infestados de semilopas. *Insect Environ*, 13(3): 110-111.

Misra, H.P. e Senapati, B. 2003. Avaliação de novos insecticidas contra o jassid do quiabeiro (*Amrasca biguttula biguttula*). *Indian J. Agric. Sci.*, 73(10): 576-578.

Misra, H.P., Dash, D.D. e Mahapatra, D. 2002. Eficácia de alguns insecticidas contra a broca do quiabo, *Earias spp.* e o enrolador de folhas, *Sylepta derogata* Fab. *Ann. Pl. Prot. Sci.*, 10(1): 51-54.

Mitalilal, K., Singh, S.P. e Kumari, K. 2005. Bioeficácia da beta-ciflutrina, lambda-cialotrina e imidaclopride contra o jassídeo *Amrasca biguttula biguttula* Ishida no quiabeiro. *Pl. Prot. Bull. Faridabad*, 57(3/4): 37-40.

Mitra, N. G., Upadhyay, A., Sachidanand, B. e Agrawal, G. D. 1999. Contaminação de pesticidas em amostras de leite e produtos lácteos. *Pestology*, 23(8): 36-40.

Mohan, N. J., Krishnaiah, K. e Prasad, Y. G. 1983. Chemical control of insect pests of okra, *Abelmoschus esculentus* L. Moench. *Indian J. Entomol*, 45(2): 152-158.

Mote, U. N. e Pokharkar, 1974. Controlo da broca do fruto (*Earias* spp.) no quiabeiro (*Abelmoschus esculentus* L. Moench). *Pestic.*, 8(11): 51-52.

Mudathir, M. e Basedow, T. 2004. Experiências de campo sobre os efeitos de produtos de neem em pragas e rendimentos de quiabo (*Abelmoschus esculentus*), tomate (*Lycopersicum esculentum*) e cebola (*Allium cepa*) no Sudão. *Mitteilungen der Deutschen Gesellschaft fur allgemeine und angewandte Entomologie*, 14(1-6): 407-410.

Naik, P.R.H. e Shekharappa. 2009. Avaliação no terreno de diferentes formulações de fungos entomopatogénicos contra pragas sugadoras do quiabeiro. *Karnataka J. Agric. Sci.*, 22(3): 575-578.

Naresh, V., Biswas, A.K., Roy, K. e Reza, M.W. 2003. Relative susceptibility of different varieties of okra to the shoot and fruit borer, *Earias vittella* (Fabr.) and leaf roller, *Sylepta derogata* (Fabr.). *Pest Manag. Econ. Zool.*, 11(2): 119-122.

Narke, C. G. e Suryawanshi, D.S. 1987. Controlo químico das principais pragas do quiabeiro. *Pestic.*, 21(1): 37-39.

Nath, L., Prasad, C.S., Tiwari, G.N. e Kumar, A. 2011. Impacto dos parâmetros meteorológicos nas principais pragas de insectos do quiabeiro que prevalecem no oeste do Uttar Pradesh. *Vegetos*, 24(2): 152-156.

Nayar, K. K., Ananthakrishnan, T. N. e David, B. V. 1981. General and Applied Entomology. Tata McGraw-Hill Publishing Co. Ltd., New Delhi. 292p.

Nazrussalam, Ansari, M.S., Ali, H. e Ahmad, T. 2008. Eficácia de multineem e NSKE com insecticidas para a gestão de *Amrasca biguttula biguttula* e *Earias vittella* no quiabeiro. *Ann. Pl. Prot. Sci.*, 16(1): 17-20.

Neeraja, G., Vijaya, G., Chiranjeevi, C. H. e Gautham, B. 2004. Screeening of okra hybrids against pest and diseases. *Indian J. Pl. Prot.*, 32 (1): 129-131.

Nemade, P.W., Wadnerkar, D.W., Bansod, R.S., Kulkarni, C.G. e Mali, A.K. 2009. Effect of newer insecticides on natural enemies of *Earias vittella* in okra field. *Indian J. Agric. Res.*, 43(2): 124-128.

Nikhade, V., Borkar, S.L., Shivangi Mahakalkar. e Bisane, K.D. 2009. Gestão bio-intensiva do complexo de pragas sugadoras do quiabeiro. *Res. on Crops*, 10(1): 90-93.

Obeng, O.D. e Sackey, J. 2003. Avaliação de campo de insecticidas não sintéticos para a gestão de pragas de insectos do quiabeiro *Abelmoschus esculentus* (L.) Moench no Gana. *Sinet Ethiopian J. Sci.*, 26(2): 145-150.

Ogbalu, O.K., Bob Manuel, R.B. e Gbarakoro, T. 2015. O papel de *Sylepta derogata* [Lepidoptera: Pyralidae] na abscisão e desfoliação de flores, sementes e vagens de quiabo em jardins de monocultura em Port Harcourt, Nigéria. *IOSR J. Pharma. Biol. Sci.*, 10: 134-138.

Onkaramurthy, S.G., Basavana, K. e Udikeri, S.S. 2015. Bioeficácia sazonal de genótipos de algodão bt de primeira e segunda geração contra *Helicoverpa armigera* (Hubner), *Earias vittella* (Fabricius), *Spodoptera litura* (Fabricius) e *Pectinophora gossypiella* (Saunders) em condições de sequeiro. *International J. Recent Scientific Res.*, 6(6): 44104413.

Onunkun, O. 2012. Avaliação de extractos aquosos de cinco plantas no controlo de escaravelhos da pulga no quiabo (*Abelmoschus esculentus* (L.) Moench). *J. Biopestic.*, 5(Suppl.): 62-67.

Pachundkar, N. N, Borad, P. K. e Patil, P. A., 2013. Avaliação de Vários Sintéticos

Insecticidas contra insectos sugadores de feijão de cacho. *International J. Sci. Res. Pub.*, 3(8): 1-6.

Packiam, S.M. e Ignacimuthu, S. 2012. Efeito do PONNEEM em *Spodoptera litura* (Fab.) e sua Compatibilidade com *Trichogramma chilonis* Ishii. *Brasilian Arch. Bio. Tecnol.*, 55(2): 291-298.

Palumbo, J.C., Prabhaker, N., Reed, D.A., Perring, T.M., Castle, S.J. e Huang, Ta. I. 2015. Suscetibilidade de *Bagrada hilaris* (Hemiptera: Pentatomidae) a inseticidas em bioensaios de laboratório e estufa. *J. Econ. Entomol.*, 108(2): 672-682.

Panickar. B., Bharpoda, T.M., Patel, J.R. e Patel, J.J. 2003. Avaliação de vários calendários baseados em insecticidas botânicos e sintéticos na ecologia do quiabo. *Indian J. Entomol,* 65(3): 344-346.

Pareek, P. L. e Bhargava, M. C. 2003. Estimativa das perdas evitáveis em produtos hortícolas causadas por brocas nas condições semi-áridas do Rajastão. *Insect Environ*, 9: 59-60.

Patel, K.I., Patel, J.R., Jayani, D.B., Shekh, A.M e Patel, N.C. 1997. Efeito do clima sazonal na incidência e desenvolvimento das principais pragas do quiabeiro (*Abelmoschus esculentus*). *Indian J. Agric. Sci.*, 67(5): 181-183.

Patil, S. D., Mote, U. N., Baviskar, M. R. e Chaudhari, P. M. 2002. Efficacy of B.T., N.S.E. and cypermethrin alone, in mixture and as sequential sprays against fruit borer of okra. *J. Soils Crops*, 12(2): 329-331.

Patil, S.R., Lande, G.K., Awasthi, A.S. e Barkhade, U.P. 2014. Efeito de diferentes doses de inseticidas mais recentes contra pragas sugadoras de quiabo. *O Bioscan*, 9(4): 1597-1600.

Patra, S., Chatterjee, M.L. e Samanta, A. 2009. Eficácia de campo de insecticidas para a gestão de *Earias vittella* no quiabeiro. *Ann. Pl. Prot. Sci.*, 17(2): 471-472.

Pavela, R. 2012. Eficácia de três insecticidas botânicos recentemente desenvolvidos à base de óleo de pongam contra larvas de *Plutella xylostella* L.. *J. Biopestic.*, 5(1): 62-70.

Pawar, D.B., Lawande, K.E. e Warade, S.D. 1996. Efeitos de diferentes datas de sementeira na incidência de cigarrinha, ácaro e broca do fruto do quiabeiro. *J. Maharashtra Agric. Univ.*, 21(3): 375-377.

Prabhakar, B.S. e Srinivas, K. 1989. Rácio equivalente ao rendimento ponderado para avaliar sistemas de culturas intercalares de produtos hortícolas. *South Indian Hort.*, 37(3): 144-149.

Prasad, T. R., Reddy, G. P. V., Murthy, M. M. K. e Prasad, V. D. 1993. Eficácia e resíduos de certos insecticidas mais recentes no quiabeiro. *Indian J. Pl. Prot.*, 21(4): 47-50.

Praveen, P. M. e Dhandapani, N. 2001. Gestão ecológica das principais pragas do quiabeiro (*Abelmoschus esculentus* (L.) Moench). *J. Veg. Crop Prod.*, 7(2): 3-12.

Praveen, P. M., Dhandapani, N. e Kennedy, J. S. 2001. Eficácia de formulações de *Bacillus thuringiensis* var. *kurstaki* (Berliner) para a gestão da broca do tomateiro, *Helicoverpa armigera* (Hubner). *Pestology*, 25(9): 58-61.

Pruthi, H. S. 1969. Livro de Texto de Entomologia Agrícola. ICAR, Nova Deli. 976p.

Pun, K.B., Doraiswamy, S. e Jeyarajan, R. 2005. Gestão da doença do vírus do mosaico das nervuras amarelas do quiabeiro e do seu vetor mosca branca. *Indian J. Virol.*, 16(1/2): 32-35.

Rai, S e Satpathy, S. 1999. Influência da data de sementeira e dos insecticidas na incidência do jassid e da broca do fruto no quiabeiro. *Veg. Sci.*, 26(1): 74-77.

Rai, S. 1985. Controlo químico de pragas de bhindi. *Indian J. Entomol*, 47 (2): 173-178.

Rajmohana, K. 1999. Agromyzid em quiabo. *Insect Environ*, 5(2): 57.

Rao, M. S., Raman, G. V., Srimannarayana, G. e Venkateswarlu, B. 1999. Efficacy of botanicals against gram pod borer, *Helicoverpa armigera* Hub. *Pestology*, 23(1): 18-22.

Rao, N. S. e Rajendran, R. 2002. Potencial de ação conjunta do neem e de outros extractos de plantas contra a cigarrinha *Amrasca devastans* (Distant) no quiabeiro. *Pest Manag. Econ. Zool.*, 10(2): 131-136.

Ravikumar, S.S., Chhillar, B.S. e Rohilla, H.R. 2003. Toxicidade das nitroguanidinas/neonicotinóides e dos insecticidas convencionais contra a cigarrinha *Amrasca biguttula biguttula* no quiabeiro em estufa. *Indian J. Entomol,* 65(2): 268-272.

Razak, T.A., Santakumar, T., Mageshwari, K. e Santhi, S. 2014. Estudos sobre a eficácia de certos produtos de nim contra *Spodoptera litura* (Fab.). *J. Biopestic.*, 7(Supp.): 160-163.

Reddy, A.V., Devi, R.S., Dhurua, S. e Reddy, D.V.V. 2013. Estudo sobre a eficácia de alguns fungos entomógenos contra o funil de planta marrom, *Nilaparvata lugens* Stal em arroz irrigado. *J. Biopestic.*, 6(2): 139-143.

Rehman, H., Nadeem, M., Ayyaz, M. e Begum, H.A. 2015. Eficácia comparativa do óleo de nim e da cialotrina lambda contra a mosca branca (*Bemesia tabaci*) e o jassid (*Amrasca devastans Dist.*) no campo de quiabo. *Pl. Prot.*, 41(2): 138-145.

Rudramuni, T., Reddy, K.S. e Kumar, C.A. 2011. Bioeficácia de novas moléculas insecticidas contra insectos-praga do algodão. *J. Farm Sci.*, 1(1): 49-58.

Sahoo, S. K. e Pal, P. K. 2003. Effect of alternate use of pesticides on shoot and fruit borers of okra. *Environ. Ecol.*, 21(4): 960-963.

Sakthivel, T., Sujeetha, J.A.R.P. e Nadarajan, L. 2008. Bioeficácia de produtos botânicos na broca do quiabo e na broca do fruto, *Earias vittella* Fabricius, na região de Karaikal, U. T. de Puducherry. *Crop Res. Hisar*, 35 (3): 255-258.

Salunke, D. H., Borse, M. B., Hiwale, M. S., Nikan, L. B., Bendre, R. S., Kulkarni, M. V. e Dewang, P. M. 2000. Pesticidal potency of some common plant extracts. *Pestology*, 24(6): 51-53.

Satpathy, S. e Rai, S. 1998. Influência da data de sementeira e da fenologia da cultura na infestação de pragas no quiabeiro. *Veg. Sci.*, 25(2): 178-180.

Satpathy, S. e Rai, S. 1999. Eficácia de diferentes pesticidas e suas combinações contra o jassid e a broca do quiabeiro. *Veg. Sci.*, 26(1): 78-81.

Satpathy, S., Rai, S., De, N. e Singh, A. P. 2004. Effect of insecticides on leaf net carbon assimilation rate and pest incidence in okra. *Indian J. Pl. Prot.*, 32(2): 22-25.

Sekhon, B. S. e Verma, G. C. 1985. Cotton crop protection in Punjab. Terá entrado em fase de crise? *Ann. Biol.*, 1(2): 123-131.

Shaikh, A.A. e Patel, J.J. 2012. Bio-eficácia de insecticidas contra pragas sugadoras em brinjal. *AGRES-An International e-J.*, 1(4): 423-434.

Sharma, A. e Singh, R. 1999. Influence of leaf-vein characteristics on oviposition preference of the cotton leafhopper, *Amrasca devastans*. *Bull. OILB/SROP.*, 22(10): 19-29.

Sharma, G.N. e Sharma, P.D. 1997. Dinâmica populacional do funil do algodão *Amrasca biguttula biguttula* (Ishida) no algodão e no quiabo em relação aos factores físicos do ambiente em Haryana. *Ann. Biol. Ludhiana*, 13(1): 179-183.

Sharma, P. L., Agarwal, S. C. e Bhalla, O. P. 1964. Novo registo de danos causados por escaravelhos da seda e grãos leitosos de milho. *Indian J. Entomol*, 26(2): 238-239.

Sharma, R. P. e Singh, O. 1984. Incidência de *Melanagromyza obtusa* (Mall.) (Diptera: Agromyzidae) no quiabo de verão em Rewa, Madhya Pradesh. *Indian J. Agril. Sci.*, 54(11): 1010-1011.

Sharma, R.P., Swaminathan, R. e Bhati, K.K. 2010. Incidência sazonal da broca do fruto e do rebento do quiabeiro juntamente com factores climáticos na região de Udaipur, na Índia. *Asian J. Agric. Res.*, 4(4): 232-236.

Shimoge, D. e Vemuri, S.B. 2014. Bioeficácia e dissipação de moléculas mais recentes contra pragas de quiabo. *Indian J. Adv. Pl. Res.*, 1(4): 56-63.

Shivanna, B.K., Gangadhara Naik, B., Nagaraja, R., Basavaraja, M. K., Kalleswara Swamy, C. M. e Karegowda, C. 2011. Bioeficácia de novos insecticidas contra insectos sugadores de algodão transgénico. *International J. Sci. Nat.*, 2(1): 79-83.

Singh, A.K. e Kumar, M. 2003. Eficácia e economia de produtos à base de neem contra o jassid do algodão, *Amrasca biguttulla biguttulla* Ishida no quiabeiro. *Crop Res. Hisar*, 26(2): 271274.

Singh, B.K., Singh, A.K. e Singh, H.M. 2005. Eficácia de certos insecticidas sintéticos e dois botânicos contra a broca do fruto e do rebento do quiabeiro, *Earias vittella* (Fabr.). *Pest Manag. Econ.*

Zool., 13(1): 99-103.

Singh, D., Rizvi, S.M.A. e Kushwaha, H.S. 2010. História sazonal de *Helicoverpa armigera* (Hubner) em cultivares sob condições agro-climáticas. *Ann. Pl. Prot. Sci.*, 18(2): 327332.

Singh, D., Sharma, B. R. e Arora, S. K. 1986. Resistência do quiabeiro ao jassid do algodão (*Amrasca biguttula biguttula* Ishida) e à broca do fruto (*Earias* sp.). *Veg. Sci.*, 13: 355-358.

Singh, G. e Brar, K.S. 1994. Efeitos das datas de sementeira na incidência de *A. biguttula biguttula* (Ishida) e *Earias*. spp. no quiabeiro. *Indian J. Ecol.,* 1:140-144.

Singh, H.B. e Bhagchandani, P.M. 1967. Bhindi cultivation in India, ICAR, Nova Deli, *pp*. 140.

Singh, R. e Joshi, A. K. 2004. Pragas do quiabeiro (*Abelmoschus esculentus* Moench) no vale de Paonta, Himachal Pradesh. *Insect Environ*, 9(4): 173-174.

Singh, S. P. 1993. Controlo biológico de pragas de produtos hortícolas. In: K. L. Chadha e G. Kalloo (eds.) Advances in Horticulture-Vegetable crops (Vol. 6). Malhotra Publishing House, Nova Deli. *pp*. 887-920.

Singh, S. P. 1997. Biological control of pests in India (Controlo biológico de pragas na Índia). In: R. K. Upadhyay, K. G. Mukerji e R. L. Rajak (eds.) IPM system in Agriculture - Biocontrol in Emerging Technology (Vol.2). Aditya Books Pvt. Ltd., Nova Deli. *pp*. 216-328.

Singh, S. P. 2001. Biological control in horticultural crops. *Indian Hort.*, 45: 54-61.

Sinha, S.R. e Sharma, R.K. 2007. Eficácia do neem e dos pesticidas sintéticos contra os insectos nocivos do quiabeiro. *Indian J. Entomol,* 69(4): 350-352.

Solangi, B.K. e Lohar, M.K. 2007. Efeito de alguns insecticidas na população de pragas e predadores de insectos no quiabeiro. *Asian J. Pl. Sci.*, 6(6): 920-926.

Sontakke, B.K., Das, N., Panda, P.K. e Swain, L.K. 2007. Bio-eficácia do benzoato de emamectina 5% SG contra a broca do fruto e do rebento no quiabeiro. *J. Pl. Prot. Environ.*, 4(2): 30-33.

Srinivasan, K. e Kumar, N.K. 1983. Estudos sobre a extensão das perdas e a economia da gestão de pragas no quiabeiro. *Tropical Pest manag.*, 29(4): 363-370.

Srivastava, R. e Upadhyay, K.D. 2009. Comparative persistance toxicity of insecticides/biopesticides against *Helicoverpa armigera* on chickpea. *J. Eco-friendly Agric.*, 4(1): 54-56.

Sukumar, S., Lyall, H. e Naik, N.R. 2014. Gestão da broca da vagem de grama, *Helicoverpa armigera* por produtos químicos e botânicos. *Ann. Pl. Prot. Sci.*, 22(2): 324-326.

Sumathi, E. 2007. Incidência sazonal de pragas sugadoras e brocas de frutos de bhendi. *J. Ecobiol*, 19(1): 15-18.

Surpam, A.N., Neharkar, P.S., Bhasme, S.P., Kamdi, S.R. e Kadam, B.S. 2015. Bioeficácia do novo produto combinado contra os vermes da cápsula de algodão. *Indian J. Pl. Sci.*, 4(2): 10-15.

Tamoghna, S., Nithya, C. e Randhir, K. 2014. Avaliação de diferentes módulos de gestão de pragas para o complexo de pragas de insetos de brinjal durante a estação *rabi* na zona - iii de Bihar. *O Bioscan*, 9(1): 393-397.

Thippeswami, C., Govindan, R., Devaiah, M. C., Thimmaiah, G. e Rajashekhargaud, R. 1980. Tur pod fly *Melanagromyza obtusa* (Malloch) infesting bhendi, *Abelmoschus esculentus* (Linn.) Moench. *Lal-Baugh*, 25(3): 22-24.

Thodsare, N.H. e Srivastava, R.P. 2015. Toxicidade de contacto e estomacal de quatro combinações de insecticidas contra *Spodoptera litura*. *Indian J. Pl. Prot.*, 43(1): 22-27.

Uthamasamy, S. 1988. Incidência sazonal e potencial de danos do fungo da folha (*Amrasca biguttula biguttula*) no quiabeiro. *Indian J. Ecol.*, 15(1): 117-118.

Vavilov, N. I. 1951. The origin, variation and breeding of cultivated plants (Traduzido do russo por K. S. Chester). *Chronica Botanica*, 13: 1-364.

Y erma, S.C., Singh, M., Rana, K. e Kanwar, H.S. 2014. Avaliação de diferentes módulos IPM contra o jassid de algodão, *Amrasca biguttula biguttula* (Ishida) em quiabo em condições de meia colina de Himachal Pradesh. *International J. Farm Sci.*, 4(3): 152-156.

Y erma, S.K., Ali, S., Singh, S. e Dev, I. 2014. Efeitos combinados de HaNPV e botânicos para a gestão da broca da vagem de grama, *Helicoverpa armigera* (Hubner) em grão-de-bico. *Ann. Biol.*, 30(3): 515-518.

Y adav, J., Bajpai, R. e Tiwari, S.K. 2006. Teste de novos insecticidas contra o Jassid (*Amrasca biguttual biguttula*) no quiabeiro. *Indian J. Tropical Biodiversity*, 14(2): 175-177.

Y adav, J.B., Singh, R.S. e Tripathi, R.A. 2007. Efeito dos parâmetros climáticos na incidência do complexo de pragas do quiabeiro. *Ann. Pl. Prot. Sci.*, 15:447-478.

Y asmin, S., Rahman, M.M., Ali, M. e Muhammad, N. 2009. Efeito do imidaclopride e do tiametoxame contra pragas sugadoras do quiabeiro e o seu impacto na infestação de vírus. *International J. Sustainable Agric. Technol.*, 5(5): 32-35.

Yogeeswarudu, B. e Venkata Krishna, K. 2014. Estudos de campo sobre a eficácia de novos insecticidas contra *Helicoverpa armigera* (Hubner) que infestam o grão-de-bico. *J. Entomon. Zool. Stud.*, 2(4): 286-289.

Tabela

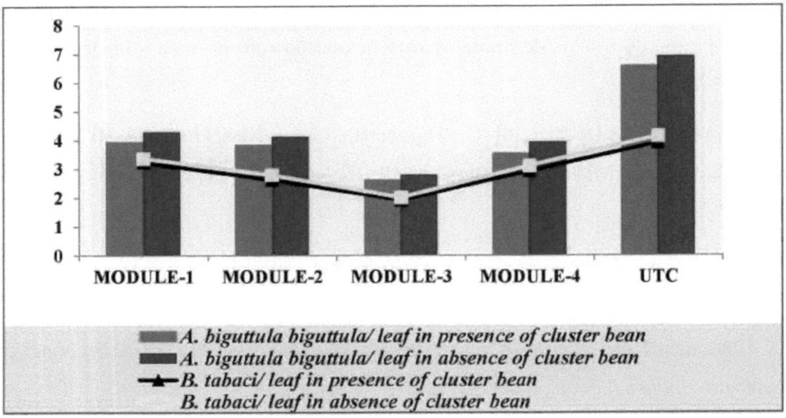

Fig. 1: Prevalência de pragas sugadoras em quiabos em diferentes módulos cultivados na presença e ausência de feijão cluster durante a estação *pré-kharif* de 2015.

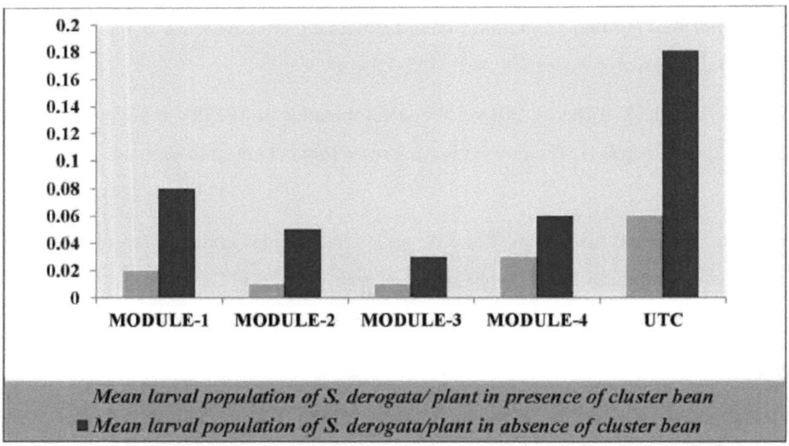

Fig. 2: Prevalência do enrolamento das folhas (*Sylepta derogata* Fab.) no quiabeiro em diferentes módulos cultivados na presença e ausência de feijão-caupi durante a estação *pré-kharif* de 2015.

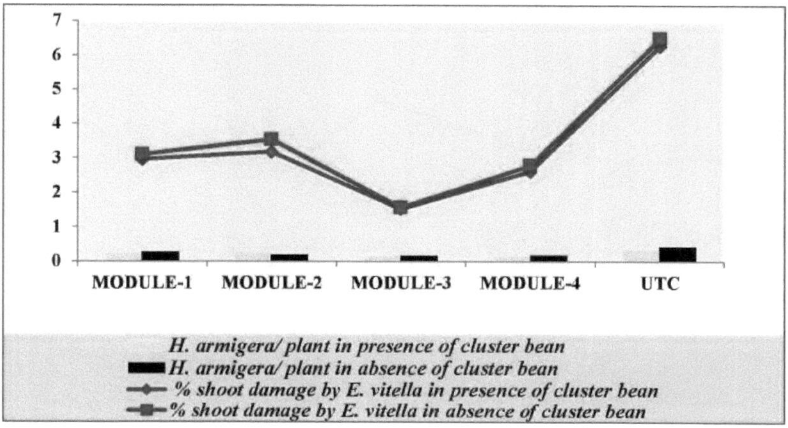

Fig. 3: Prevalência de brocas de tecido no quiabo em diferentes módulos cultivados na presença e ausência de feijão de cacho durante a estação *pré-kharif* de 2015.

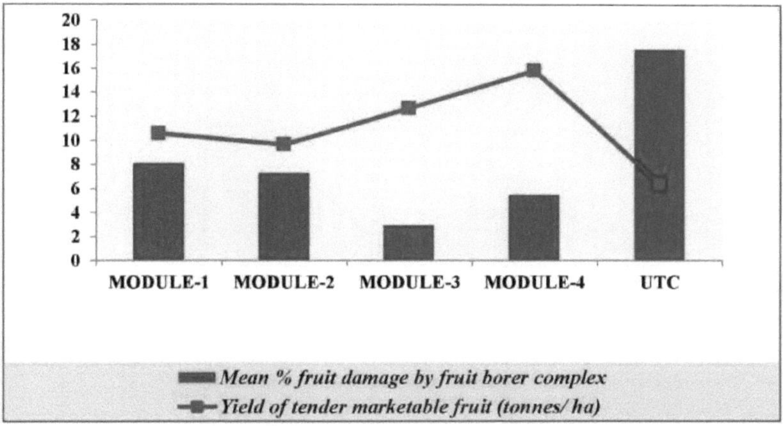

Fig. 4: Impacto de diferentes módulos na percentagem média de danos nos frutos provocados pelo complexo de brocas e no rendimento de frutos tenros comercializáveis cultivados na presença de feijão de cacho durante a estação *pré-kharif* de 2015.

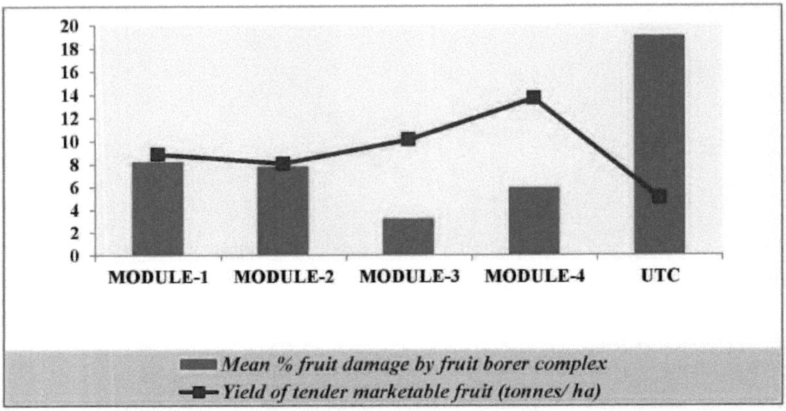

Fig. 5: Impacto de diferentes módulos na percentagem média de danos nos frutos provocados pelo complexo de brocas e no rendimento de frutos tenros comercializáveis cultivados na ausência de feijão de cacho durante a estação *pré-kharif* de 2015.

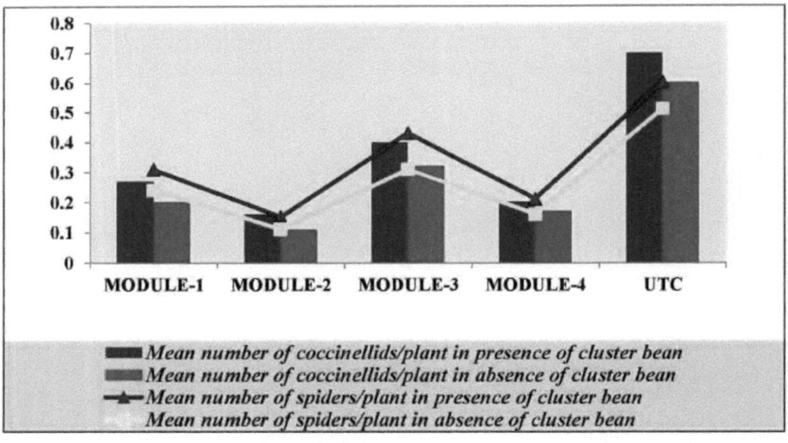

Fig. 6: Prevalência de fauna predadora em quiabos em diferentes módulos cultivados na presença e ausência de feijão-caupi durante a estação *pré-kharif* de 2015.

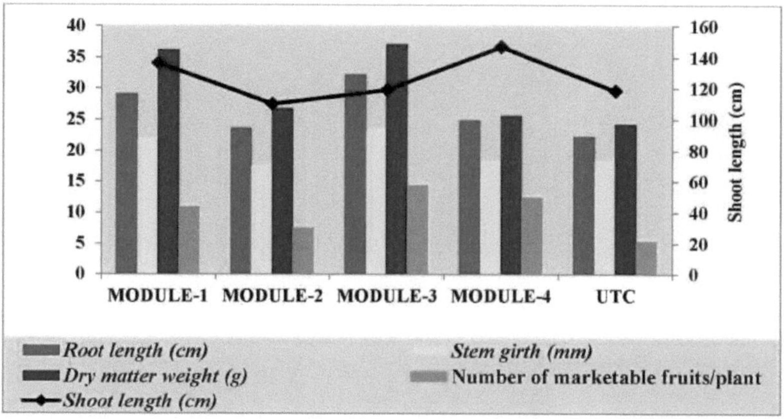

Fig. 7: Impacto de diferentes módulos nos parâmetros morfológicos do quiabo (*Cv. Shakti*) aos 90 DAS durante a época de cultivo *pré-kharif* de 2015.

Experimental field

Strip of cluster bean

Okra along with cluster bean

Close up view of Module-1

Close up view of Module-2

Close up view of Module-3

Close up view of Module-4

Untreated control plots

Isolation distance

PLACA 1: VISTA DE PERTO DO CAMPO EXPERIMENTAL E DOS DIFERENTES MÓDULOS

Mimosa pudica

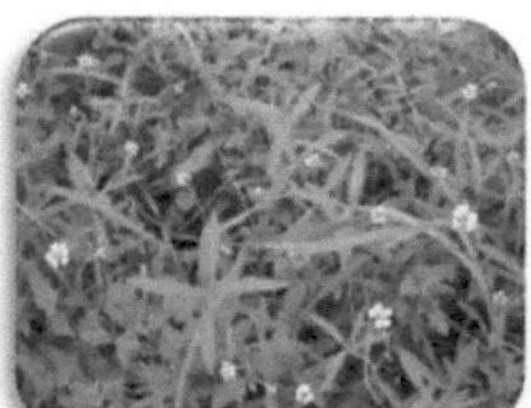

Tridax procumbens & Alternanthera philoxeroides

Cleome viscosa

PLACA 2: FLORA DAS PRINCIPAIS INFESTANTES ASSOCIADAS AO QUIABEIRO EM REDOR DO CAMPO

Jassid colony in the ventral surface

Close up view of damage

Close up view of adult jassid

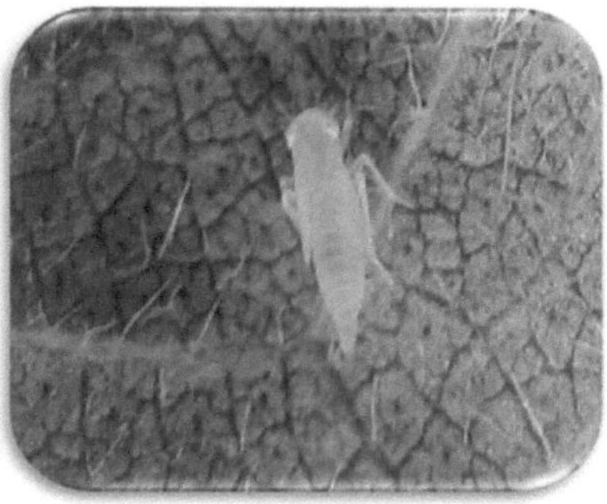

Close up view of jassid nymph

Close up view of adult whitefly

Whitefly colony in the ventral leaf surface

PLACA 3: JASSÍDEO E MOSCA BRANCA INFESTANDO O QUIABO

Sylepta derogata in okra

First instar larva of *Sylepta derogata*

Sylepta derogata infestation in guar leaf

Larva inside guar leaves

Rolled leaf in okra by *Sylepta derogata*

Close up view of *Sylepta derogata*

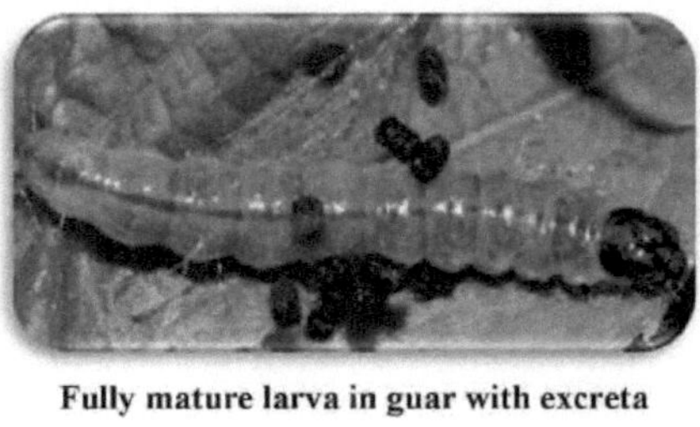

Fully mature larva in guar with excreta

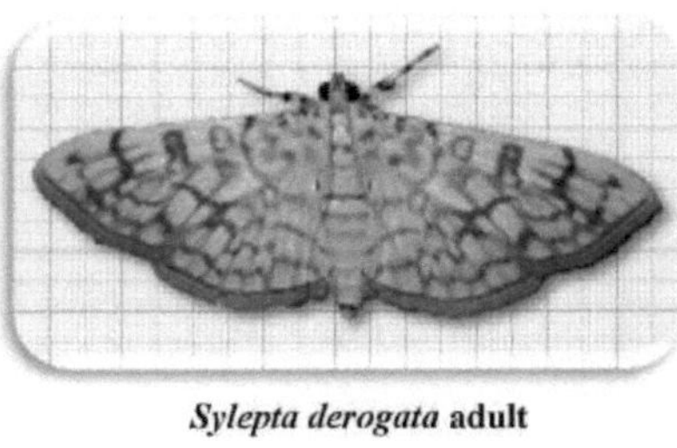

Sylepta derogata adult

PLACA 4: ROLO DE FOLHAS, *SYLEPTA DEROGATA* EM FOLHAS DE QUIABO E GUAR

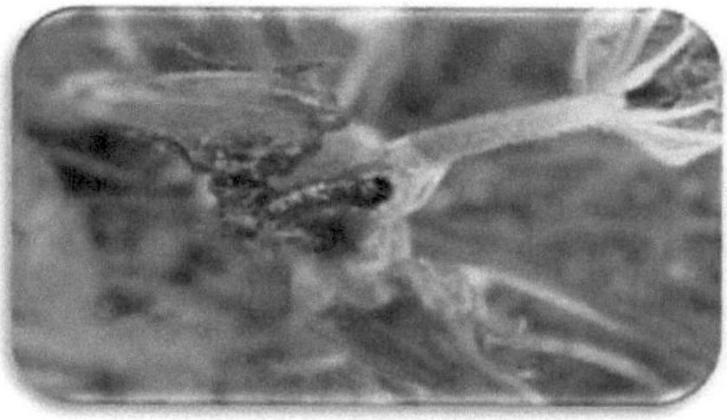

Earias vitella infestation in okra shoot

Infestation in unopened bud

Close up view of *Earias vitella* larva

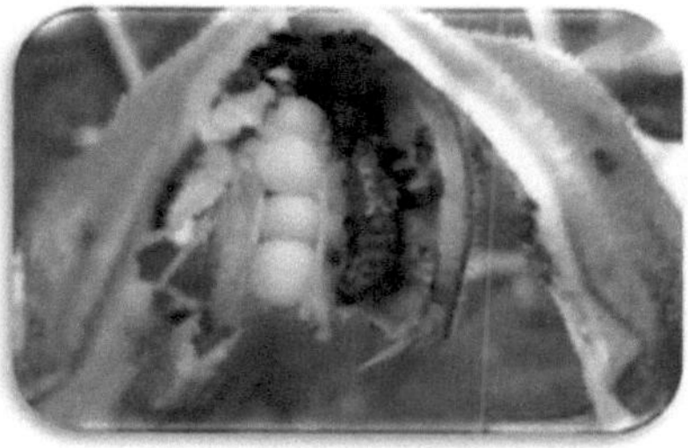

Inside view of infested okra pod

Infested fruits by pod borer complex

Earias vitella adult

Different morphs of *Helicoverpa armigera* on okra leaf and fruit

PLACA 5: INFESTAÇÃO DE *EARIAS VITELLA* E *HELICOVERPA ARMIGERA* EM QUIABEIRO

Lynx spider (*Oxyopes spp.*)

Micraspis discolor

Cheilomenes sexmaculata

Coccinella transversalis

Jumping spider (*Phomicidae*)

Coccinella transversalis

Coccinella transversalis

Cheilomenes sexmaculata

PLACA 6: ARANHAS E FAUNA DE COCCINELÍDEOS NO ECOSSISTEMA DE QUIABO E GUAR

MIX
Papier aus verantwortungsvollen Quellen
Paper from responsible sources
FSC® C105338

Printed by Books on Demand GmbH, Norderstedt / Germany